犬が伝えたかったこと

三浦健太

sanctuary books

犬を愛するすべての人たちへ。

寝言で吠える犬。
長いため息をつく犬。
あおむけになるとクシャミをする犬。
フローリングの上を、チャチャチャチャと歩く犬。
おなかをなでられて、気持ちが良くて、つい自分の前足をかむ犬。
おやつほしさに、覚えている芸を次々と披露する犬。
かまってほしくて、足もとにボールをおいてみる犬。
リードを持って立ったら、もう玄関のドアの前で待っている犬。
待ち遠しかったごはんの時間を、全然ゆっくり楽しめない犬。
ほめてあげたら、なにかくれるのかと期待する犬。
ポップコーンのような匂いがする肉球を押し付けてくる犬。
家族が帰ってきただけで、全身でよろこびをぶつけてくれる犬。

犬ってヘン。
犬がいる生活って、すこしややこしい。

でもふりかえってみれば、
犬がいてよかった、楽しかったと思う毎日。
犬がいなかったら、気づけなかったこともいっぱいある。
道に咲く花や、土の匂い。
目的もなく、ただ歩くことの気持ち良さ。
近所ですれちがう人たちの笑顔。
ちょっとした生きがいみたいなもの。
そして、
このなんでもない一日が、
本当はかけがえのない幸せな一日だということに。

この世界はやさしさにあふれている。
それはいつまでも変わらない。
犬たちはいつも全力で、
私たちにそのことを教えてくれようとしている。

まえがき

犬と人間が出会って約2万年。

〝地球上で最も親しい動物〟ともいえる犬たちは、私たちとどんなかかわり方をしているのか。

その実態を知りたいという思いから、いま犬を飼っている人、かつて犬を飼っていたことがある人、飼ったことはないが犬が好きな人など、さまざまな愛犬家たちから〝犬との思い出〟をたくさん集めました。

当初は、ほのぼのとした心温まる話を期待していましたが、寄せられた〝犬との思い出〟の中には、飼い主の人生を変えるきっかけになってくれた犬、傷ついていた心を救ってくれた犬、バラバラになっていた家族の絆をつなぎとめてくれた犬など、想像以上の貢献を果たしている話もあり、驚かされました。

そして、たとえどんな家庭で飼われていても、犬たちは一様に、私たちに家族の大切さと、生きることを楽しむ気持ちを教えてくれているのだと、改めて知ることができました。

犬と過ごす日々は、なぜこれほどまで私たちの人生に深い影響を与えるのでしょうか。

それはただ「犬がかわいいから」「犬の行動が面白いから」というだけではなく、時間がたてばたつほど「犬の愛情の大きさに気づかされるから」でしょう。

私たちが犬と触れ合っている時間は、犬との暮らしのほんのごく一部です。

私たちが愛犬のことをまったく考えていない間も、愛犬は飼い主にまっすぐな愛情を注ぎ続けています。

日々の忙しさの中で私たちが忘れかけている、ひたむきで、まっすぐな愛。

それを本書からあらためて感じていただき、皆様の幸福に変えてくださることを願ってやみません。

三浦健太

CONTENTS

おやつ

CONTENTS

本書で紹介するエピソードは、実話をもとにした物語です。

STORY

1

ベル

大切なのは、
この瞬間だけ

犬の寿命は20年弱。「犬の1年は人間の6年」に相当すると言われ、子犬の頃には人間の12倍の早さで成長します。

獣医学や適切な食事の研究が進んだことにより、犬の寿命は次第に伸びていますが、それでも私たちのせいぜい5分の1程度です。

成長が早い分、老化も早く、私たちから見れば〝犬の一生はあっという間〟でしょう。

でも私たちと違い、犬は老化を恐れません。正確に言うと、犬はそんなに先のことは考えようともしません。

反対に、これまで経験してきた過去の出来事についても、覚えてはいますが、わざわざ思い出したりしません。

犬は、先のことや昔のことにはまるで関心がなく、〝今〟のことしか考えようとしないのです。

犬にとっての〝今〟は、私たち人間の感覚では想像できないほど大事です。

強引に解釈するなら「〝今〟より大事な〝将来〟はありえない」といった感じでしょうか。

ですから今は我慢をして、将来に期待することはしませんし、わざわざ過去を思い出して、大事な〝今〟を忘れたり、悲しんだりすることもしません。

犬がつねに考えているのは、どうすれば「この瞬間に幸せになれるか？」それだけです。

では、犬がつねに追いかけている幸せとはなんでしょうか？

もちろん、おいしいおやつやごはん、楽しいおもちゃをもらえるのも幸せです。

でも犬にとって最高の幸せは、大好きな飼い主さんのそばでくつろげること。飼い主さんに体を寄せて、体をやさしくなでてもらいながら、笑顔で語りかけてもらえることなのです。

そんな犬たちの態度は、私たちに「〝今〟より大切な時間はない」ことをあらためて気づかせてくれます。

生きているだけで自慢

――10歳のフレンチブル（♀）を飼う　35歳男性より

私は大手の電機メーカーに勤めています。

この会社に内定が決まった当時は、まさかこんな日がくるとは思いもよりませんでした。

世界市場で液晶テレビ、携帯電話、半導体などのシェアが低迷した影響で、業績の悪化は歯止めがきかず、またたく間に人員の整理が進み、すでに同期の半数近くが会社を去っていきました。

私には同じ年の妻と、6歳になった一人娘がいます。

家族のためにも収入を途絶えさせるわけにはいかないので、早く次の職を探しておかなければと焦っていました。しかし私はプレッシャーを感じやすいせいか体調を崩し、またこの年齢で今と同じような条件で雇ってくれる会社が見つかるとも思えず、なかなか行動に移すことができずにおりました。

その一方で、自分が置かれている状況について妻にはずっと黙っていました。話したところで家庭の雰囲気を暗くするだけだと思っていたからです。

悩みを一人で抱え続けながら、家の中でふだん通りにふるまうのは苦しいことです。いっそどこかに消えていなくなってしまいたい、と考えることもあります。家族を捨てて、どこか知らない町で一からやり直そうか、とも。そこまで思い詰めているくらいなら家族に打ち明けてみればいいじゃないか、と頭ではわかっているのですが、いつも明るく、笑いの絶えない妻と娘を前にすると、それはできないことでした。

そんな状況で苦しんでいるところへ、さらに追い打ちをかけるような出来事がありました。

うちで飼っていたフレンチブルに異変が起きたのです。

ある日、私の書斎にベルがのこのこ入ってきました。書斎はベルが生まれたときから立ち入り禁止にしていたので、はじめはただの偶然かと思いリビングに戻しましたが、しばらくするとまた書斎に入ってきます。それを一日に何度かくり返しました。

どうも様子がおかしいと夫婦で疑いはじめて間もなく、ベルは壁に向かって吠えたり、フンを粗相したり、同じところをぐるぐる回ったり、といった不可解な行動を取りはじめます。

決定的だったのが、娘がベルの頭をなでたときです。家族でいちばん仲の良かった娘に対して、ベルは突然、歯をむき出したのです。

後日、犬も認知症にかかるということを知りました。

娘と一緒に成長してきたベルは、まだまだ若いと思っていましたが、いつの間にか10歳の老犬になっていたのです。

ベルに威嚇されて以来、娘はショックを受けたのか私が仕事中にもかかわらず「ベルにかまれた」「ベルが外に出ちゃった」「ベルがベッドにおしっこした」などと、ひんぱんにメールを送ってくるようになりました。

ベルは必死に生きようとしていました。

そばに寄り添えば横たわったまま尻尾を振ってくれましたし、手でドッグフードをあげれば首をもたげてもそもそと食べてくれました。しかし認知症の進行に合わせるようにしてベルは日に日に弱っていきました。体毛はバサバサになり、すべての行動が緩慢になっていきました。そして一日の大半を、濁った半開きの目で宙を見つめたまま、寝転んで過ごすようになっています。

そんなベルの姿を見て私たち夫婦は覚悟を決め、「今のうちにできるだけベルの好きなようにさせてあげよう」という話をしていました。

そして毎日「ベルが、ベルじゃなくなっちゃう」と言っては泣く娘に、どういう心のケアをするべきかを話し合っていました。

そして今日、一日、珍しく娘からのメールが一件もなかったのです。

だから終業時間ちょうどに娘からの着信があったときは、なんとなく予感するものがあり、勇気を振りしぼってメールを開きました。

すると、

「ベルがうんちした♪」

という件名が。

3枚の画像が添付されていました。
1枚目は、トイレシートの上で、相撲の立ち合いのような格好をしたベル。
2枚目は、にこにこ笑う娘と両手でハイタッチするベル。
3枚目は、誇らしげに胸をそらした、カメラ目線のベル。
思わず「なんなんだこれは?」と声が出ました。
うんちをしただけで、なんでこの犬はこんなに偉そうなんだ。
言っているそばから、笑いがこみあげてきます。

それっぽっちのことで、なんでそんなにがんばれるんだよ。

ベルの画像を見ているうちに、だんだんわけがわからなくなってきて、今まで一人で悩んでいたことがどうでもよくなってきて、急に心が軽くなってきました。
隣にいる先輩から「なんかいいことでもあったの?」と聞かれて、私はとっさに「ベルがうんちしたんですよ」と真顔で答えてしまい、先輩は「なんだそりゃ?」と身体をのけぞらせました。
笑いが生まれました。
オフィスの中がぱっと明るくなりました。

メッセージには続きがあって、

「パパも負けるな！」

とグーパンチの絵文字。

私は家族によっぽどひどい顔を見せていたのでしょう。
携帯の画面が涙でにじみました。

生きれば生きるほど、
もっとこの人たちと生きたいと思う。

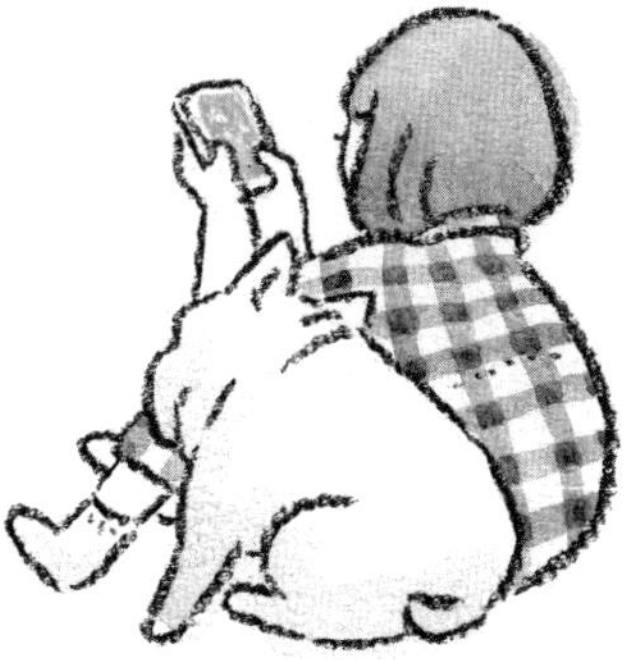

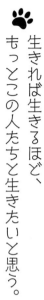

STORY 2

ラッキー

いつも、まっすぐ

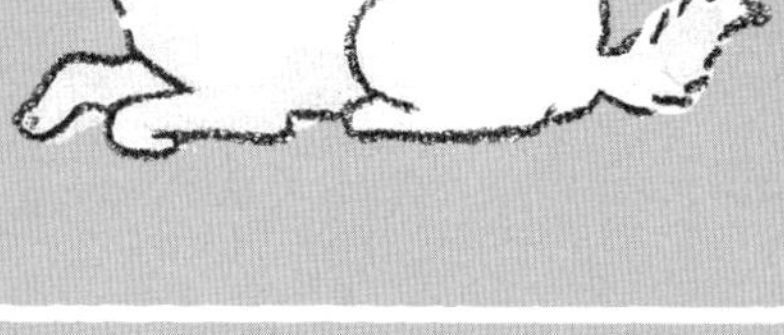

犬は、一度好きになった人はずっと好き。

たとえ、冷たくされたとしても、いじわるされたとしても、邪険にされたとしても、いったん好きになった人のことを、嫌いになることはありません。

うらむことも、根に持つことも、家出することもありません。

犬はもう一度、自分のことを好きでいてくれた頃のように、その人が戻ってくれることを、ひたすら待つだけです。


反対に、犬がいったん「嫌い」だと判断した人（または犬）を、あとから「好き」になってもらうことも難しいのです。

絶対に無理というわけではないのですが、犬にひとたび嫌われてしまったら、好きになってもらうために、相当な努力と時間を必要とします。


とはいえ、その犬の飼い主が心配する必要はあまりありません。

一緒に暮らして、一緒にごはんを食べて、一緒に歩く生活を続けている犬が飼い主を嫌いになることはまずありません。

基本的に、犬は同じリズムで生きている仲間が大好きなのです。

人はよく「言うことを聞かない子はお母さん嫌い」「あの人はやるときはやるから好き」などという言い方をします。

こういった考え方は、犬にはまったく理解できません。

犬が好きか嫌いかという判断には、まったく脈絡がないのです。

つまり、～してくれるから、～してくれないからという理由がない。

犬は好きだから好き。嫌いだから嫌い。

いつも、心はまっすぐ。

打算はなく、感性で生きているのです。

愛犬をよく叱る人は多いものです。

飼い主ののぞまない行動をしたとき、叱ることで変えようとします。

でも、8割叱られて、2割ほめられる犬に比べ、8割、抱きしめられてほめられている犬の方が、心を通わせやすくなります。

つまり飼い主ののぞむ行動をとりやすくなるのです。

どんなに吠える犬も、いたずらをする犬も、そっけない犬も、犬は飼い主のことがずっと大好きです。

たった今、やさしくしてもらうことを、いつも、まっすぐに待ち続けているのです。

幸せを呼ぶ言葉

——4歳のコリー（♂）を飼う　15歳女子より

お母さんが親戚の家で生まれたコリーの幼犬をもらってきたとき、あまりの美しさに私はしばらく見とれてしまいました。

薄茶色と白の長い毛はやわらかくて、しゅっとした顔、つんとした鼻、澄んだ目をした王子さまのような犬。

私が〝ヘンリー〟にしようか〝エドワード〟にしようか迷っていたら、年の離れた弟が「ラッキーがいい」と提案して、あっさり〝ラッキー〟に決まりました。

私だけ一生懸命「ヘンリーくん」と呼び続けたのですが、呼んでも、全然振り向いてくれないので、結局「ラッキー」で落ち着きました。

ラッキーはやさしい犬でしたが、特にお父さんによく懐きました。お父さんが会社から帰ってくると、いつもそのあとをずっとついてまわりました。

あまりにもしつこくまとわりつくので、お父さんはよくラッキーにつまずいて転びそうになります。そのたびにお父さんは「転んでケガするだろ！　ラッキー！」と怒るので、私はいつも（どっちやねん）とひそかに笑っていました。

お父さんもお母さんも働いているので、晩ごはんをつくったり、弟の面倒を見るのは私の役目です。

同級生の子たちはよく「大変だね」と言ってくれるけど、私にとってはそれほど大変なことではありません。

家のお手伝いをしている私に、近所のおばさんたちはいつも優しい声をかけてくれますし、お料理を手伝ってくれたり、余ったおかずをおすそわけしてくれたり、弟を一時的に預かってくれたりもするからです。

ただ、夜だけは少し大変でした。

お父さんは毎日、仕事で帰りが遅くなります。そのことが原因でいつもお母さんと口喧嘩をしていました。お父さんはきっと仕事でとても疲れているのでしょう。酔うと記憶をなくしてしまいます。いつものお父さんと違って少し怖かったのです。

ある朝、台所に立つお母さんの口元が切れているのに気づきました。

目のまわりも赤くはらしたお母さんは「ちょっと転んでぶつけたの」と言いましたが、それはあきらかに嘘だとわかりました。

弟は「お母さんドジだね！」と言って笑いましたが、私はショックで言葉が出ませんでした。


それから数ヵ月後、お母さんを元気づけたくて、私と弟はこっそりサプライズの準備をしました。家中を全部真っ暗にしておいて、お母さんが帰ってきたら、奥からろうそくを立てたケーキを持った弟が登場。お母さんの誕生日をお祝いするという計画です。

お母さんが帰ってくる時間はいつも決まっていたので、私はいつもより早めに帰ってきていました。

ところが予定よりも早く物音がしたので、あわててマッチで火をつけようとすると、玄関からではなく2階からドシーンと大きな音がしました。

泥棒？　そう思って恐る恐る2階に上がると、ろうそくの光に照らされたのは泥棒ではなく、しっぽをふってたたずむラッキーでした。

そして気まずそうなお父さん。

その手にはプレゼントの袋が握られていました。

「ラッキーに転ばされちゃってな」

お父さんもいつもより早めに帰ってきて、お母さんを驚かそうとしていたのでした。

その日の晩ごはんは楽しくて、両親とも仲良さそうにしゃべっていました。毎日、こんな風に晩ごはんを食べられたらいいなと思いました。お父さんは最近、私たちが寝静まったころにラッキーを散歩させているのだそうです。散歩に連れていってもらえるまで、ラッキーがお父さんの顔をなめ続けるようになったので、寝ることもできず散歩に出るしかなくなりました。そして夜中の散歩があまりにもしんどいからお酒をひかえようと思ったのだそうです。

もしもラッキーがいなかったら、今頃お父さんの暴力はエスカレートしていたかもしれません。だとしたらラッキーはお手柄です。

ラッキーの長い毛をなでてあげていると、弟がふと言い出しました。

「ラッキーがうちにきたとき、名前は絶対ラッキーにしたいって思ったんだ」

「なんで?」全員が弟の顔を見ました。

「ラッキーって、うれしいでしょ？　家族でラッキー、ラッキーって呼んでたら、みんな楽しくなれるって思ったから」

弟の言葉を聞いて、私はハッとしました。両親のことについて、いつも弟に余計な心配をかけないように努力してきたつもりだけど、弟も弟なりにいろんなことを考えていたのです。

「久しぶりに一緒にラッキーの散歩に行こうか」とお父さん。

お母さんは困ったようなうれしいような顔をして、お父さんと一緒に散歩に出かけていきました。

「ラッキーどこ？　ああ、そこにいたのか」

家族はあるものではなく、
少しずつ育てていくもの。

STORY

3

フィロス

犬は毎日「ずっと同じ」がいい

犬と人間との大きな違い。

それは「くらべる」という行為によくあらわれます。

人間はなんでも「くらべる」ことが大好きです。

自分と他人、自社と他社、うちの子どもとよその子ども。

どっちが得か、どっちが早いか、どっちが価値があるかなどをくらべます。

それだけではなく、朝と夜、昨日と今日、今年と来年、といった時間の比較もします。

ですから同じことをくり返していると、人間の場合は飽きてきます。

まったく変化のない環境に居続ければ、退屈を通りこして苦痛にもなってくるでしょう。

それは人類の進歩のためには必要なことです。

「くらべる」ことができるからこそ、人間は夢や希望を持ち、新しい行動を起こそうという気持ちを生み出せるからです。


しかし、犬はちがいます。

犬はそもそもあまり「くらべる」ことをしません。その環境が快適でさえあればそれでよく、できるだけ変化しないことが望ましいのです。

同じ時間に起きる。同じ時間に食事をする。同じコースを散歩する。同じように飼い主に甘える。

そんな毎日を、どれだけくり返しても飽きません。

むしろあまり変化のない日々は、犬に安心感を与えます。

犬は季節の移り変わりや、飼い主さんのちょっとした変化を感じられるだけで十分しあわせなのです。

犬が求めているのはいつもと変わらない環境と、安定した飼い主さんの愛情、ただそれだけです。

犬と泊まれるホテルや、犬が遊べるテーマパークに行けなくてもかまいません。

特別においしいごはんを食べられなくても、きれいな夕日を見られなくても大丈夫。

犬は目の前に、飼い主さんの〝変わらぬ愛情〟さえあれば満足です。

「変わらぬ愛情で接する」と、言葉で言うのは簡単でしょう。

ただ日々の安定した生活に飽きてしまいやすい私たち人間が、飼いはじめたころと同じような愛情を、ずっと愛犬に対して持ち続けるのは意外と難しいことかもしれません。

犬が飼い主さんに対してそうしているように、飼い主さんも毎朝、愛犬を新鮮な気持ちで見てあげてください。

妻が通った散歩道

――14歳の雑種（♂）を飼う 65歳男性より

今日も町はよそよそしく感じられた。

近所で人とすれ違っても、商店街で買い物をしても、運動会や盆踊り大会の声が聞こえても、すべて自分とは無関係なことに思えた。

1年前、私は妻をがんで亡くしている。

妻は活動的な人だった。地元の人たちとテニスをしたり、お茶会や、山歩き会、能の鑑賞会などにも積極的に参加していた。

私は閉鎖的な性格で、近所に友人はおらず、仕事以外に特にこれといった趣味も生きがいもなく、休日になれば一日中家でテレビを見て過ごしていた。

町工場を40年以上勤めた後は、毎日家に居るようになった。

そんな私のことを、妻は疎ましく思っていたに違いない。

家で2人でいても気詰まりで、妻が話題を出しても会話は続かなかった。私はよく「どこか勝手に出かけてくれてもいい」と言ったが、妻は首をふるばかりで、結局、妻とともに過ごした思い出がほとんどない。

妻は私と違って友達に恵まれていたし、趣味も地域活動も熱心で、ひとりでも生きていける人だったから、いわゆる熟年離婚をしてあげるべきだったという後悔もある。亡くなる前のほんの数年だけでも、自由を与えてあげられればもう少し幸せだったんじゃないか、と。


ひとりになった私に残されたのは、犬だけだった。

妻が14年前に犬の譲渡会で引き取り、可愛がっていたフィロスという犬だ。

妻は朝晩熱心にフィロスと散歩に出かけていたが、フィロスはほとんど世話をしない私にあまりなつかなかった。

妻の死後も、私は最低限の世話しかしていない。つまりドッグフードをやり、座布団を与え、トイレシートを交換するだけだった。

老犬のフィロスは横たわっている。

フィロス。話しかけてもいつも反応はなく、フィロスは時々、呼吸をすることを忘れていたかのように深いため息をつく。

きっとこの犬の人生は、妻がすべてだったんだろう。主人のいない余生には何の興味もない、といった態度だ。なんとも言えない気持ちになる。

老いた犬の姿が、ふと自分と重なった。

これといった生きがいもなくなったからといって、人生の終わりをただ待っているだけなのか。

それではたして生きていると言えるのか。

急に腹立たしい気持ちになった私は、妻の遺品と一緒にしまっていた引き綱を引っ張りだした。

フィロスを散歩に連れ出すことに決めた。

私と散歩をするのは初めてだったが、フィロスは立ち止まったり、しゃがみこんだりすることもなく、ただおとなしく歩いた。花が咲き並ぶ路地を歩き、小さな公園を横切り、犬連れたちがテラスで談笑する喫茶店の前を通る。

きっと妻と何度も歩いたおきまりの散歩コースなのだろう。ゆっくりした動きだったが、引き綱からはしっかりと先を歩く意思が伝わってきた。私はその後をただついて歩くだけでよかった。

商店街に入ると「お、フィロス」と豆腐屋の主人が声をかけてくる。豆腐屋は飼い主が違うことに気づいたようだが、「今日も散歩か。よかったな」と言ったあと、私に会釈をよこした。フィロスはのろのろ豆腐屋の足元に歩み寄ると、ぎゅうっと鼻を押し付けた。

さらに歩くと「フィロス?」と、小さな犬を連れたおばあさんが声をかけてきた。「お父さんとお出かけなの? よかったわねえ」。おばあさんがやさしく頭をなでると、フィロスは気持ちよさそうに目を細める。

また先を行くと「フィロス、フィロス」と子どもたちが駆け寄ってきて、フィロスの背中や首をなでていく。フィロスは短い尻尾をゆらしてこたえた。

フィロスの散歩コースはいずれも私の知らない、生前に妻が見ていた光景のようだ。

やがて、川沿いの土手に出る。

老犬は大きな尻を左右に振りながら歩き、草花や電柱や落ちている物に関心を向け、鼻を近づけた。そして時々、何かを伝えるようにこちらを振り返る。

私もフィロスにつられ、土手からの景色をながめた。

追いかけっこをする子どもたち。バドミントンで遊ぶ家族。ジョギングをする若者。

その手前を大きな川が流れ、川面は夕陽をきらきらと反射している。

川沿いのベンチの前で、ふいにフィロスがぺたんと座り込む。

くたびれた、というよりはいつもそうしているようだった。

仕方なく私もベンチに腰をかけると、キーン、キーンという金属を研磨する音が聞こえた。

それはよく聞き慣れた音であり、ずっと耳に残っている音だ。

大好きな音だ。


目を閉じると、涙がにじんでくる。

そこは、私が勤めていた町工場の裏だった。

あいつはいつもここで休んでいたのか。

まぶたの裏に、フィロスと工場を眺める妻の姿が浮かんだ。

フィロスは友情的な愛を示す。
フィロスの愛は一度獲得されると、永遠に消えることはない。

言葉を交わさなくても、
ずっとそばにいたい。

STORY

4

アキ

犬がくれる健康

犬にとって散歩は毎日かかせない大事な日課です。

適度な運動になるだけでなく、精神の安定やストレス軽減の効果があり、また飼い主さんとのコミュニケーションも生まれます。

犬を飼いはじめて、散歩をすることで、必然的に生活が規則正しくなり、適度に歩くことから健康の維持にも大いに役立ちます。

犬と暮らしている家庭では、風邪やおなかを壊すなどの軽微な病気にかかる率が少なくなるといいます。実際、犬を飼いはじめてから「ここ数年はまったく風邪を引かなくなりました」という方は意外に多いものです。

犬と暮らすことのメリットは、健康だけではありません。

お子様の非行率や、ご夫婦の離婚率も減ります。

これはもちろん犬の持つ特殊能力ではなく、犬がいることで、年代や性別を超えた話題が家の中に生まれやすくなるからだといえます。

小さなお子様も年頃になるにつれ、考え方や趣味、興味のあることなどが変化していきます。

学校から帰ってきても、親との共通の話題が減っていくのです。

それでも、愛犬に対する興味と話題は、年代を問わず変わりません。

親子だけでなく、男女間にもあてはまります。

大恋愛の末に結ばれたご夫婦でも、長い年月の間に趣味や関心事が変化していき、子どもも自立して、定年を迎える頃には、家の中の話題はほとんどなくなってしまうものですが愛犬はいつまでも共通の話題を与え続けてくれる存在となります。


また現代の犬は自分で狩りはしません。

ですから、どんなにおなかが空いても、私たちから与えられる食事をひたすら待ち続けることになります。

いわば犬たちは、私たち飼い主にその命を委ねているのです。

私たちが面倒を見なければ死んでしまう。

そんな、「命を預かっている」という自覚は、私たちの生きる目的や生き甲斐を目覚めさせます。

仕事を辞め、生き甲斐を無くしそうな高齢者にとっても、犬と暮らすことはひとつの命を預かる、重大な仕事となるのです。

犬は、私たちの体の健康を増進してくれるだけではない。尽きないコミュニケーションや、生き甲斐を生み出し、心の健康も増進してくれるのです。

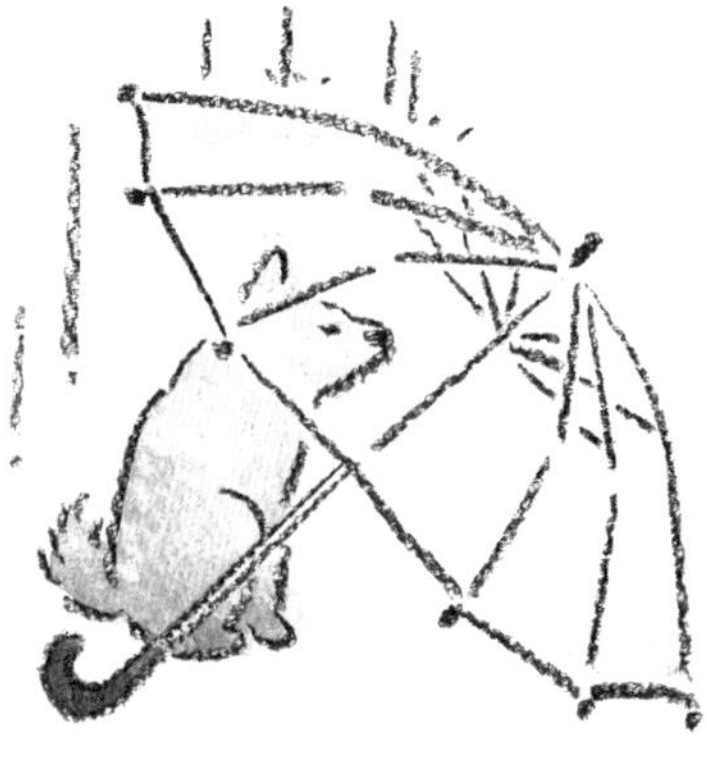

誰にも取られたくない

——0歳のチワワ（♂）を贈った　38歳女性より

久しぶりに実家に帰ってきて、庭掃除を手伝っている。

父は縁側で本を片手に将棋盤とにらめっこ。いつもの光景だ。

父はずっと外出をする機会を失っていた。

定年退職してすぐの頃は、近所の図書館にいったり、ショッピングセンターに行ったり、スーパー銭湯に行ったりして、自由な一日を満喫していた。

でもそれも1年ももたなかった。

何十年も自宅と職場の往復だったから、「急にどこに行ってもいいとなると、どこに行けばいいかわからない」と言っていた。

そして外出のアイディアが尽きてしまうと、家からほとんど出なくなってしまった。

孤独な年金暮らしのはじまりである。

このまま父が認知症にでもなってしまいそうで心配だった。

そこで、私は思い切った行動に出た。

父の誕生日に、知り合いに分けてもらったチワワの子犬をプレゼントしたのだ。

犬と散歩をすることによって、必然的に外出することになる。

父の生活にも張りが出るんじゃないかと考えた。

だが、父はとても頑固な人だった。

これまでも「旅行でもしたら?」「近所の集まりに出てみたら?」「新しい趣味を持ったら?」とパンフレットなどを見せて提案してきたが、ことごとく却下された。

チワワを見せられた父はこのときも「犬なんて飼うか」と拒否した。

「娘にそんなくだらない心配をされるいわれはない」と言った。

きっとプライドを傷つけてしまったのだろう。

でも私は反省しなかった。

私たちは1時間くらい言い争った。私は泣きわめいた。感情的になった。でも気持ちだけは伝えた。お父さんがこのままぼけてしまうんじゃないか、心を病んでしまうんじゃないか、心配で仕方ないんだということを気持ちをこめて伝えた。

泣きながら子犬を連れて帰ろうとしたら、父は「置いていけ」と言ったのである。
父とはそれからしばらく連絡を断っていた。
だから、父から電話がかかってきたときは驚いた。
開口一番、「名前はアキにした」という。
ひねりはない。母がナツコで、私がハルカだからだ。
父の声はおだやかだった。
アキを飼いはじめたら、やることが増えたという。
散歩中、他の犬の飼い主とも会う。そこから話し相手ができた。
飼い主同士のつながりもできた。少しずつ楽しくなってきたという。
あるとき、庭に穴があいていたそうだ。
不思議に思って、掘ってみると土の中から巾着袋が現れた。
その中から、将棋の駒がこぼれた。
アキのしわざだ。
なんでそんなことするのかと思って調べたら、それは昔の野生動物としての名残だとわかった。

いつも食べ物にありつけるとは限らないから、後でも食べられるよう誰にも見つからないところに穴を掘って埋めてかくす習性があるという。

じゃあなんで、将棋の駒なんて隠したんだろう。なんで、誰にも取られたくないと思ったんだろう。

いくら考えてもわからなかった。

でもそのとき、犬って面白いなと思った。

父はそう言ったあと、電話口ではっきりと「ありがとう」と私に言ったのだ。

父の詰め将棋はまだ終わらないようだ。

アキは、父のひざの上でリラックスして眠っていた。

あなたが大切にしているものは、
私にとってもきっと大切なものだ。

STORY

5

オマエ

犬にとっての
名前

名前というものは、さまざまな願いがこめられているものです。

もちろん私たち人間にとっても、「名前」というものはとても大切なものです。

しかし日常的には、そこまで重要視はされていません。

ほとんどは個体を識別するための記号として、とらえられていることでしょう。

一方、犬にとっての「自分の名前」は少し違う意味を持ちます。

犬は「自分の名前を呼ぶ」声の中に、飼い主さんの愛情や、感情の度合いを感じ取っています。

感受性豊かな犬は、人の声の響きのごくわずかな違いから、自分に対して愛情があるか、無関心か、攻撃的になっているかをみきわめられます。またそういった感情の違いだけでなく、その度合いさえも感じ取ることができます。

つまりちょっと名前を呼んだだけで、その犬は、自分があまり好かれていないか、ぼんやり好かれているか、たまらないほど好かれているか、その日の、その瞬間の、飼い主さんの感情がわかってしまう。

犬にとっては、言葉の「意味」ではなく「響き」が大事なのです。

人の言葉は、とても便利な道具ですが、たったひとつの欠点は「嘘をつける」ことにあります。

言葉の意味がわからない犬は、私たちの気持ちを知るために、目の輝き、体温、心臓の鼓動、体臭の変化などから情報を読み取ろうとします。

言葉は嘘をつけますが、体温や体臭は嘘をつけないので、犬はつねに私たちの本心を読み取ってしまいます。

ですから愛犬に対して、こちらがなにかをするふりや演技をしてもおそらく無意味でしょう。

犬と気持ちを分かち合うためには、本気で接するしかない。

犬と違って、私たちは犬に四六時中愛情を注ぐことはできないかもしれません。

だからこそせめて愛犬の名前を呼ぶ時だけでも、その言葉の響きに精いっぱいの愛情をこめてほしいのです。

私たち人間は、小さい頃から「人は嘘をつく」ことを知っています。

だから、ふだんから無意識のうちに、人との会話だけでなく、新聞やテレビ、電話やメールの中にひそむ嘘を発見しようとしています。

とくに文明が進んだ社会では、朝起きてから寝るまで、数多くの言葉が私たちの目や耳に入ってきますから、私たちは起きている間中、「その言葉は本当か嘘か」を判定し続けることになります。

それは大きなストレスとなって私たちを苦しめています。

しかし、自宅に帰った時に迎えてくれる犬の仕草に嘘はありません。

100%、絶対です。

だからこそ犬と暮らす人たちは、安心して心の警戒を解き、安らかな時間を持つことができるのでしょう。

やさしい落とし物

――3歳のグレート・ピレニーズ（♀）と出会った　29歳男性より

ある暑い夏の日、交番に大きな落とし物が届きました。

これまでも、犬や猫が「拾得物」として届いたことはあります。

「オマエ、でかいな」

でも、こんなに大きな犬ははじめてです。

届出書に記録するために犬を散歩させていた人に尋ねたところ、どうやら〝グレート・ピレニーズ〟という犬種のようでした。

犬は汚れがひどく、白かったであろう毛は使い古したモップのようで、交番の中に入ってきた瞬間、犬特有の臭いがあっという間に広がりました。

実は、僕は大きな犬がちょっと苦手でした。子どもの頃、家の近所のハスキー犬に追いかけられて泣いた記憶もあります。僕は警官としては恥ずかしいほど怖じ気づきながら、その大きな犬を交番の前につなぎました。

つないだ途端に通行人からの視線を集めました。こんなに目立つ犬ならきっと近所でも有名な犬だろう。すぐに飼い主さんが引き取りにきてくれるはずだ。

拾得物の預かり期間は、1週間と定められています。

物であれば総務課に転送するだけですが、生き物の場合は、保健所の職員さんが引き取りにくることになっています。それまでの辛抱だと思い、我慢することにしました。

ところが3日たっても、なんの音沙汰もありません。飼い主さんは犬を忘れて長期不在しているのかもしれない。もしくはわざわざ遠くから、この土地に犬を捨てにきたのかもしれない。いずれにしても、僕にはこの犬の存在がずっと気になって、勤務に集中できませんでした。ところかまわず自分の糞尿の上を歩いたり、座ったりするものだから、臭いが相当きつくなってきていたのです。

口で息をしながら弁当を食べているところへ、「これ使うかい?」と交番の隣に住むおばさんが犬用のブラシとシャンプーを持ってきてくれました。犬に触りたくもなかったので即座に断りましたが、「近所中に臭ってるわよ。これ以上放置したら近所迷惑と動物虐待で訴えるよ」と冗談を言いつつも、目が笑っていなかったので、仕方なくおばさん家の庭を借り犬を洗ってあげることにしました。

僕のような臆病者にとって、こんなに大きな犬を洗うのはある意味、不審者を追いかけるよりも勇気のいることでした。

近くで見るとシロクマのようです。もしも急に暴れ出したりしたらどうしようという不安と戦いながら、僕は軍手をはめた手でこわごわと犬にブラシをかけます。

犬は僕の顔をじっと見ていました。通りすがりの小学生たちも見ていました。ゴワゴワの毛に力をこめてブラシを通すと、犬は目を細めてみせます。そのまま庭の蛇口のそばに連れていきました。そしてホースから水を出してみせると、犬は少しだけ後ずさりをしました。でも近づけてもこわがる様子はなかったので、全身に水を浴びせて、両手でシャンプーをこすりつけます。犬はおとなしくしています。だんだん犬を洗っているというよりも、まるで車でも洗っているような感覚になってきます。うっかり犬の顔にシャンプーしてしまったら、犬は大きな体を迫力満点にふるわせて、あたり一面に大量の水しぶきを飛び散らせました。

「オマエ！　こら！　オマエ！　おとなしくしろ！」

両手で顔を覆いながら叫んでいたら、中をのぞきこんでいた小学生たちが大笑いしている姿が見えました。

きれいになった犬は、僕の鼻の頭をぺろっとなめました。

びっくりして尻もちをつくと、また小学生たちに笑われました。

乾かしてあげようと、日の当たる交番の前につなぐと、犬はリラックスした様子でねそべりました。その姿を見た通行人たちは「大きいね」と声をかけてきたり、手を差しのべてきたりします。

小学生たちからも人気でした。

「ねえ、こいつ名前なんていうのー？」

「名前はわからないんだよ」

「じゃあ、名前つけていい？」

「ダーメ。新しい名前つけちゃったら、飼い主さんが困るだろ？」

「じゃあ、おまわりさんはなんて呼んでるの？」

「……オマエ、かな？」

「オマエー？　変なの」

そんなやり取りを〝オマエ〟は尻尾をふりながら聞いているようでした。

交番でピレネー犬を預かっていると聞きつけた近所の犬好きたちも大勢やってきて、「涼しい時間帯に、たくさん散歩させてあげなきゃダメよ」とか「暑さに弱いから、なるべく空調のきいたところに置いてあげて」とか「まめにブラッシングした方がいい」とか、いろんなアドバイスをしてくれて、僕はそれらの対応に追われて大忙しでした。

忙しかったせいもあって1週間後、保健所のワゴン車がやってきたとき、「ご苦労様です」僕は警官らしく敬礼をしましたが、心の準備はできていませんでした。

職員さんを迎えました。

檻の上に雨よけの板をのせただけの粗末な小屋の中で、白い犬は降り積もった雪のように、こんもりと丸まっています。いつもなら人がくるとすぐに起き上がりましたが、この日は初老の職員さんがいくら呼びかけても、動き出す様子がありませんでした。自分がどこに連れて行かれるのか、この犬はわかっているのかもなと思いました。

体重はおそらく50キロ以上あります。さすがに犬を扱い慣れている職員さんでも、1人で引っ張って連れていくのは無理だと思い、「おい、オマエ！」と呼びかけると、犬はパッと顔を上げました。

「ほらオマエ！　今日はこの人と散歩だ、出てこい」

するとと犬は、のろのろと小屋から出てきて、尻尾をふわふわゆらしました。

「へえ、〝オマエ〟が自分の名前だと思っているのか」、職員さんが感心したように言いました。

たしかにそうかもしれない。でももう、その名前もいらなくなるな。僕はできることは精いっぱいやったよ。仕方ないんだ。うらむなら飼い主をうらんでくれよ。そう心の中で語りながら「オマエ、さあ行け」とお尻を叩いたそのときです。

〝オマエ〟は抵抗したわけでもなく、悲しい顔をしたわけでもありません。僕の鼻の頭をぺろっとなめたのです。

その瞬間、僕の頭の中に、町を行く人々の声がよみがえりました。

「オマエー、遊びに来たよ」

「オマエ、オマエの飼い主さんはいつ迎えにきてくれるんだろうね」

「オマエ！　オテ！　ヨーシ！　じゃあオマエ！　次はオスワリ！」

「おーいオマエ、ジャーキー持ってきたよ」

すると、なぜだかわかりません。どうしてもたまらない気持ちになってきて、ついこんな言葉を口走ってしまったのです。

「この犬は自分が引き取ります」

「え?」保健所の職員さんは口をぽかんと開けました。

「このピレネー犬を? 冗談はやめてよ」

僕だって自分の言葉に驚いていましたが、職員さんがそのまま〝オマエ〟を連れて行こうとするので、頭を下げ、もう少し大きな声で言いました。

「申し訳ありません。こちらからお願いしておきながら申し訳ありませんが、やっぱり自分に引き取らせてください」

職員さんはしばらく黙ってから、「知ってますか?」とするどい目をこちらに向けました。

「年間に何頭の犬が殺処分されているか知ってます?」

〝オマエ〟の背中に手を当てたまま、僕は答えられずにいました。

「2万頭ですよ。それだけの数の〝自分の犬〟を、人は、他人に殺させるんですよ。しかもその原因は〝飼えなくなったから〟や〝飽きたから〟だけではありません。おまわりさんみたいな、そういう一時的な感情にまかせた〝情〟も原因の一つなのです」

「でも」僕はもうひっこみがつかなくなっていました。

「せめてこいつだけでも、守ってやりたいのです」

職員さんはふーっと長いため息をつきました。そんな言葉を、もうなんべんも聞かされてうんざりしているようでした。

「その人が飼いたい犬と、その人が飼える犬は違うんです。失礼ですが、あなたは独身寮にお住まいじゃないかな？」

うなずくと、職員さんは「じゃあ無理です」とはっきり言いました。

「ピレニーズのような特殊な大型犬を、普通の人が飼えると思いますか？『お世話をがんばれるかどうか』というレベルの問題じゃありません。飼える環境が必要です。飼えるだけの経済力も必要です。犬を飼う前は、誰もが犬のためにたくさんの努力と工夫をすることを約束してくれます。でもその後、引っ越しをするからとか、なつかないからとか、病気になったからとか、そんな簡単な理由で、平気で私たちのところに連れてくるんですよ。ここまで大変だとは知らなかった、じゃ済まないんです。なんとかなると思ったけどならなかった、じゃ遅いんですよ」

職員さんの言葉を聞いて、僕はなにも言い返せませんでした。きっと飼いたいという熱意だけでは、どうしようもないことがあるのでしょう。

たしかに僕には飼えないかもしれない。でもさいわい、近所にある僕の実家には、庭がある。犬を飼えるスペースがある。そこに毎日通って世話をする。エサ代とかクスリ代は、少ない給料からがんばって負担する。甘いのかもしれないけれど、それは不可能なことではないように思えました。

結婚もしないで、犬なんて連れてきて……きっとそんな嫌みの一つや二つは言われるだろう。親に迷惑ばかりかけて、僕は最低の息子だ。でも厄介事を増やす分、これからもっと親孝行をしよう。

人の命を守りたくて、僕は警察官になりました。

僕自身、2度も命を救ってもらったからです。一度は未熟児で生まれて、命が尽きかけていたところをお医者さんの必死の治療で助けてもらいました。一度は小さい頃、川で流されかけたところを元消防隊員のお兄さんに助けてもらいました。

僕は、まだ残念ながら人の命を救ったことはありません。でも目の前にあるこの命を救うことならできるかもしれないのです。

だから「お願いですから、どうか引き取らせてください」ともう一度頭を下げました。

職員さんは黙っていました。

でもしばらくすると、「そうしていただけるとありがたいです」と言い残して帰っていきました。

あの日に〝オマエ〟を引き取ったことは、ひとつも後悔していません。

〝オマエ〟は4頭の赤ちゃんを産み、それぞれやさしい家庭にもらわれていきました。

グレート・ピレニーズの赤ちゃんはまるでぬいぐるみのように可愛くて、一見すると、こんな超大型犬に育つなんて想像しにくいかもしれません。

だから、子犬の引き取り手の方にはよく説明して、あの日の〝オマエ〟のように悲しい思いをする子が一頭もいないように、願いを込めて送り出しました。

本当はなかったかもしれない命たち。

「みんな幸せになってくれたらいいね」

おでこをくっつけると、オマエは鼻の頭をぺろっとなめてくれました。

たとえやり直せなくても、
新しくはじめることができる。

STORY

6

タロとジロ

安心できるにおい

犬の嗅覚は非常にすぐれています。

どれくらいすぐれているのかというと、集中した時には、4キロ先にいる仲間や敵を察知できるともいわれています。

この特殊能力を知った人類は、犬を狩りの際に獲物を追うために利用したのをはじめ、犯人の追跡や、埋もれた被災者の救助に役立てるようになりました。

そして最近の研究では、犬の嗅覚について新たな可能性が生まれています。

それは、犬の嗅覚のすばらしさは、とても遠くのにおいを感じられる、微細なにおいをかぎわけられる、というだけではなく、まるで私たちの言葉のように、体調の変化や、喜怒哀楽、環境の変化の様子などを、察知したり、他の犬に伝達したりするために、役立てているのではないかということです。

つまり、〝おいしそうなにおい〟〝くさったにおい〟〝花のにおい〟といった外的のものだけではなく、〝悲しいにおい〟〝落ち込んでいるにおい〟〝やる気のあるにおい〟〝満足しているにおい〟といった内面的なものまでも、言葉を使わず、においを通じて、情報交換できているのかもしれないということなのです。

自分の飼い主が今、なにを考えているのか。自分のことをどう思っているのか。喜んでいるのか、悲しんでいるのか。

犬の鋭い嗅覚は、感じ取ろうとします。

きっと、古代の人間にもこの能力が備わっていたことでしょう。

でも、言葉の発達とともに忘れ去られてしまった能力なのです。


私たちは言葉を発達させて、すばらしい文明を築きました。

過去の出来事を現代で知りそれを未来に送ることもできますし、見たこともない遠い国のことを細かく知ることもできます。

でも言葉が存在するおかげで、自分の気持ちを伝えるために、言葉を尽くさなくてはならなくなりました。

犬と過ごすひとときには、そんな必要はありません。

心の警戒を解いて、安心して裸のつきあいができるのです。

それは私たちのストレスを解消し、癒やしてくれるすばらしい時間です。

母である証明

――5歳の雑種（♂）と3歳の雑種（♂）を飼う　12歳男子より

タロとジロはうちで飼っている雑種犬だ。

白くて毛の短いタロと、茶色で毛の長いジロ。

ジロはぼくのひざの上で抱っこできるほどの小さな犬だったが、タロはぼくが背中に乗れそうなほど大きな犬だった。

毎日、中学生の兄ちゃんは大きなタロを、小学生のぼくは小さなジロを連れて、一緒に散歩をしていた。

でも散歩中は、いつも大きなタロばかりが近所の人たちからの注目を集めて「おっきいねー」「かっこいい！　触ってもいい？」「シロクマみたい！」などと声をかけられた。

ぼくは人気者のタロとかっこよく散歩する兄ちゃんがうらやましくて、いつも「交代してほしい」とお願いしたが、母親からは「絶対ダメ。タロの散歩はまだ早い」ときびしく止められた。

母親の口癖は「ダメ」だ。

夕方5時以降に帰ってきてもダメ。アイスを一日2個以上食べたらダメ。トイレのドアを開けっ放しにしてもダメ。それは納得できる。

でもタロのことについては不満だった。

母親は、ぼくとタロのことをわかってない。

毎日、兄ちゃんと散歩をしていたので、ぼくはタロのことをよく観察していたんだ。

タロは大きいけれど、ぼくに対して従順な犬だ。

ぼくがふざけ半分にしっぽを引っ張ったり、口の中に指を突っ込んでも、全然怒ったりしないんだ。

それに、もしタロが暴れたとしても大丈夫。

ぼくは男だし、学校のクラスでも腕力がある方だから、飼い犬を押さえつけるくらいわけないんだ。

そんな自信があったぼくは、どうしてもタロを散歩させてみたかった。

そしてある日、実行にうつした。

母親がお出かけするタイミングをみはからって、ぼくはタロとジロを一人で散歩に連れ出してみたんだ。


犬を2頭も散歩させている自分に興奮した。

きっと近所の人も「すごいね」とほめてくれるだろうと思った。

偶然、友だちに会ったら自慢してやろうとも思った。

今日は、いつもより遠くの公園に行ってあげようと思った。

でも、そんな心の余裕もすぐになくなった。

家を出てしばらくすると、タロの動きが落ち着かなくなってきたんだ。

タロはいつものようにまっすぐではなく、ジグザグに歩き、電柱やブロック塀に鼻を押し付けながら、恐ろしい力でぐいぐい引っ張っていった。

立ち止まったら、肩がすっぽ抜けそうなほどの力だ。

でもぼくはなんとか引きづなだけは放すまいと、手首にぐるぐるとまきつけた。でも、それがよくなかった。

手首がしめつけられて痛くて、みるみる手首が青くなってきたので、外さなきゃと、もたもたしていたら、不意にグンと引っ張られてしまった。

手首にまきつけた引きづなは取れなくて、ぼくはタロに引き倒されてしまった。

気づいたら、ぼくは病院にいた。

頭を地面に打ちつけたらしく、通りすがりの人が救急車を呼んでくれたようだ。

幸い大事にはいたらなかった。

タロとジロも無事だったそうだ。

母親が家に帰ってきたとき、タロとジロは玄関の前で待っていた。

「いったいどれだけ心配したと思ってるの」

母親はものすごく怒っていた。病院中に響きわたりそうな声で、ぼくを叱った。

「もうタロと散歩しない。ごめんなさい」。ぼくは何回謝ったかわからない。

母親が「わかったら、もう寝なさい」。と言ったとき、ぼくはもう声も出ないほどに泣いていた。

母親の後ろ姿を見たら、かかとの高い靴を履いていて、ストッキングが伝線していた。

タロとジロだけが家に帰ってきたのを知って、母親はとっさにぼくを探しに町中を走り回ってくれたのだろう。

最後に母親は言った。

「今度タロを散歩するときは、お母さんと一緒に行こうね」

母親が出ていったあと、いい匂いがした。

厳しい言葉とは違って、それはやさしくて、愛情のある匂いだった。

ぼくは母親の匂いをかいで、安心して、また眠ってしまった。

自分よりも大切なものが、
強さを与えてくれる。

STORY

7

カール

ストレスに
負けない犬

ストレスが原因で、犬はよく病気になります。

ですから「なるべく飼い犬にはストレスを与えないように」と指導する人は多いものです。

もちろん病気や悪癖をまねくほど、強い、あるいは長時間のストレスは与えない方がいいでしょう。

しかしそもそも、犬にストレスをひとつも与えずに生活することは不可能です。犬も人間も同じですが、すべてのことを思うがままに、まったく我慢をせず、社会で生きることはできません。

皮肉なことに、できるだけストレスを与えないように育てた犬は、ほんの小さなストレスにもとても敏感に反応するようになります。そして心が疲れやすくなります。

軽くて、短時間であれば、むしろ犬にはストレスを与えた方がいいのです。

子犬の頃から「叱る」「待たせる」「やめさせる」などの小さなストレスを軽く、短く与え、すぐに解消し、ほめるような育て方をしてもらった犬は、成犬になってからはストレスに強くなります。

多少のことに動じず、ゆったりと暮らすことができるのです。

また心のストレスだけでなく、肉体的なストレスもそうです。

いつもまっ平らな道を散歩する。暑い夏や、寒い冬は外に出ない。あるいは、いつも抱っこされている。

そんな環境で暮らし続ける犬は、ちょっと歩けば動かなくなり、ごつごつした地面を歩けば足を痛め、エアコンがない場所に行くとすぐにバテたりします。

もちろん、急に過酷な場所に連れていくなどの無理はさせてはいけません。

しかし、飼い犬をストレスを感じにくい犬に育てるためには、坂道や山道など少しストレスを感じるコースを選んで散歩したり、激しめの運動をして体力を消耗させるなどして、定期的に小さな体のストレスを与えてあげたほうがいいのです。

犬が息を切らせている姿を見て、かわいそうと思う人もいるかもしれません。

でも、そういう犬こそが、本当に飼い主から愛されている犬なのかもしれません。

嫌われる勇気

――3歳のミニチュアダックスフント（♂）を預かった　28歳女性より

私は事務員として働いていました。

子どもの頃から疲れやすい体質なので、余計なストレスを避けるため、職場ではなるべく目立たないように注意を払っていました。

少しでも目立ってしまうと嫉妬の的になったり、大変な仕事を押し付けられることが多い職場だったからです。

職場は私服勤務が許されていましたが、私は格安衣料品メーカーで買った地味な服を着るようにしています。メイクは最低限、不快感を与えない程度。腕時計以外、アクセサリーの類いは身につけません。特定の人と仲良くしたり、上司におべっかを言うこともしませんでした。

それでも、隣の席の同僚からの頼みは聞きました。

用事があるからと言われたら、同僚の残業を引き受けました。「仕事の相談をしたい」

と言われたら、たとえそれが仕事の愚痴でも聞きました。知らないメーカーの化粧品やセミナーのチケットをすすめられたら買いました。お酒は飲めませんでしたが、飲み会に誘われたら参加しましたし、同僚がお酒をどれだけ注文しても、きちんと割り勘で支払いました。

同僚は私がなんでも「いいよ」と言うことを知っています。私も期待どおりに「いいよ」と言うことに慣れています。人からのお願いは、断ることの方がむしろストレスを感じていたからです。

このときも、同僚から「有給休暇を取って彼と海外に行きたいから、飼い犬のミニチュアダックスを預かってほしい」と頼まれ、他人のペットを預かった経験はなかったのでさすがにためらいましたが、「他に頼めそうな人は全員あたったんだけどダメだった。前にストレスでひどい下痢をしたからペットホテルにも預けられない」と言われたので心が動きました。

昔、実家ですが犬を飼っていたことがありました。いまはひとり暮らしなので、飼おうとは思いませんでしたが、犬は好きな方だったので、「休み中だけなら」という条件で結局、引き受けてしまいました。

ところが、それは想像以上に大変なことでした。ミニチュアダックスフントは「ミニチュア」というくらいなので、ウサギかハムスターかせいぜい猫くらいに考えていましたが、預かったカールはなかなか手間がかかる犬だったのです。

手を近づけただけで鼻にしわを寄せてうなるし、窓の外を人が通っただけでも小型犬とは思えないほど大きな声で吠え立てました。トイレシートは部屋中に敷いてあげましたが、カールはわざわざトイレシートのない場所で排泄しました。

この日のためにホームセンターで買ってきた、噛むと音がなるドーナツ形のおもちゃもあげましたが、見向きもしてくれません。

なにをしてあげても、心を開いてくれません。なにも食べてくれないし、飲んでくれないし、寝ようともしません。

夜になって部屋のすみっこでひたすら震え続けるカールを見ながら、私は「この子になにかあったらどうしよう」と心配でめまいがしてきました。

私はストレスをためると動けなくなる体質なので、この状態がこれ以上続くと共倒れになってしまう危険があります。

「明日からは平日で仕事だから、なんとかしてあげなければ」と焦って、カールを抱きかかえようとしたそのときです。

カールは部屋中を走り回って、ソファの下へ逃げ込んでしまいました。

その瞬間、私はキレました。

「いいかげんにして」

自分でも驚くほどの怖い声に後押しされるようにして私はソファの下に手を伸ばし、カールの首根っこをつかんで引っぱり出し、ひざの上にのせました。

腹ばいの状態にしたカールに向かって、私はふだんおさえていた感情をあふれさせていました。

カールは抵抗しましたが、下あごをつかんでにらみつけると、すぐにおとなしくなりました。

もしも犬が言葉を話せたら、カールはこう言っていたと思います。

「本当に頼っていいの？」

私は少し緊張しながら、カールのおなかにふれました。

やわらかくて、あたたかいおなかです。

いいよ。聞こえないような声で言って、おなかをやさしくなでてあげました。

カールは目を丸くして私のことを見ていましたが、しばらくすると私のひざから離れ、部屋のすみにあったドッグフードを食べました。


「カールどうだった?」

夏休みを終えて、同僚がうちにきたときです。

「カールはかわいそうだったと思う」

私は同僚に向かって、勇気を出して言いました。

「突然知らない場所に置いていかれて、そこで飼い主を待ち続けるのって、犬にとってはものすごいストレスのはずだから」

私はずっと誰にも嫌われないように生きてきました。でも、カールのおかげで気づくことができたのです。嫌われたらどうしようという不安を無くすことはできない。むしろ嫌われるくらいの覚悟をもって向き合うからこそ、相手に信頼してもらえるのだということに。

「長期旅行を計画する前に、もう少しカールのことを考えてあげた方がいいと思う」

ハワイみやげと引き換えに、愛犬を引き取ってさっさと帰ろうとしていた同僚は驚いた顔をしていましたが、「迷惑かけてごめんね」とだけ言って帰っていきました。


翌日、会社に行くのが少し憂鬱でした。

あんなことを言ったから、きっと同僚は気を悪くしただろう。そう思って同僚に謝ろうとしたら、同僚の方から「昨日はちゃんとお礼を言えなくてごめん」と声をかけてきてくれました。

それから、今まで私にいろんなことを押し付けていたことについても謝ってくれました。同僚も誰にも嫌われたくなくて、周囲からの注文を断れなかったのだそうです。その結果、自分と同じようになんでも注文を聞いてくれる私に、つい甘えてしまっていたということでした。

「私にもできることがあったら言ってね」

その言葉を聞いた私は真顔で言いました。

「じゃあ、またカールに会わせてね。せっかく仲良くなれたから」

するると同僚は笑って、スマホで写真を見せてくれました。

同僚の日に焼けた腕に抱かれたカールは、私がプレゼントしたドーナツ形のおもちゃを大切そうにくわえていました。

あなたのままだから、
あなたのことが好きになる。

STORY

8

トッポ

必要とされる
幸福

犬は、日々安定した生活を望みます。落ち着いた場所、落ち着いた気候、落ち着いた匂い、そして落ち着いた時間です。

私たち人間は、時に変化を好みますし、なにも刺激がない暮らしは、退屈と思うだけでなく、ストレスにもなります。

しかし、犬はまったく逆です。できるだけ同じ時間に、同じ場所で過ごしたいのです。

そんな犬と私たちの共同生活がはじまると、知らず知らずのうちに私たちの生活も規則正しくなっていきます。

朝の起きる時間、食事をあげる時間、帰宅時間、寝る時間。すべてが飼い犬のリズムになり、規則正しくなります。

また、犬には絶対に散歩が必要なことから、〝散歩に行かなければ〟という強い責任感も生まれます。結果として、私たち飼い主の体も心も健康になっていくのです。

海外の研究で、孤独な老人と犯罪を繰り返すアウトローの心理には共通するものがあるという発表がありました。

それは、〝社会から必要とされていない〟と思っているというものでした。

人と人の間でコミュニケーションを取れなくなった人に対しても、犬は自分の命を預けてまでもつきあおうとします。

家族と会えなくなった老人に生きがいを与えたり、犯罪ばかりしているアウトローに対しても同じようなつきあいを望みます。

〝この犬は自分を必要としている〟と自覚することが、人と人との関わり合い方の良い練習となるのです。

実際の検証として、犬を飼うことで自殺する老人が減り、刑務所から釈放された人の再犯率も減っているとの報告もありました。

実際に犬を飼っている家庭と飼っていない家庭を比較すると、風邪やお腹を壊したりという軽い病気でお医者さんに行ったり、薬を買う率はかなり少なくなっているとしたデータもあります。

もし、すべての日本人が犬と暮らしていたとしたら、健康保険からの国の負担額は4兆円も少なくなるとした発表もありました。


犬の命を守るという使命感。

犬によって生まれる規則正しい生活。

それによって、望もうと望むまいと、私たちの体と心の健康を、なかば強制的にもたらしてくれるのです。

孤独からの1センチ

——8歳の秋田犬（♂）を世話した　32歳男性より

僕は東京の大学に行き、東京の会社に就職しました。

でも、仕事が合わなくて3年でやめて、地元に戻ってきました。

地元に戻ってくれれば、仕事の一つや二つはすぐに見つかるだろうと思っていましたが、それは甘い話で、現実は、僕のようになんの技術も経験もない人間が、長く勤められそうな会社はありませんでした。

かといって一時的にアルバイトをする気力もわかず、僕は仕事を探すふりをしながら1日中家でだらだら過ごす生活を続け、気づけばあっという間に半年以上たっていました。

外を出歩けば、近所の人から白い目で見られるので、昼間は家の中から一歩も出ず、夜中に外をぶらぶらするという生活を続けました。

一種の引きこもり状態でした。

こうなるまでわかりませんでした。社会というものは、一方的にかかわりを断つのは簡単ですが、一度、枠から外れてしまうと、元に戻る道を見つけるのは困難なのです。誰かにお願いすれば、拾ってくれる人もいるかもしれない。でも自分を拾ってくれた先が、また自分に合わなかったとしたら。そう思うと、怖くて動き出せなかったのです。

そんな風にうじうじしていた矢先、母親が病気で入院することになってしまいました。そして家には僕と、秋田犬のトッポだけが残されました。

僕は心細い思いをしました。

トッポは母親がいなくなると、急に無駄吠えがひどくなり、犬小屋の屋根をかじり続けるようになったのです。そのまま放っておいたら、体をしつこく掻きむしったり、しっぽの先を毛がなくなるまでしゃぶり続けたりもするようになりました。あきらかに、ストレスがたまっていました。

僕が真っ先に思ったことは、薄情ですが、母親の入院代がかかる今、ここでトッポまで病気になられてしまっては、余計なお金がかかってしまうので困るということです。

そこで犬のストレスについて、インターネットで調べてみました。そして犬にとっては、散歩という習慣がとても大事なことなんだと知りました。

母親の入院後はずっと犬小屋につなぎっぱなしだったので、僕はトッポとおそるおそる散歩に出かけてみることにしました。


外が明るいうちに出かけるのは、久しぶりのことでした。

すごく、空がまぶしかったことをよく覚えています。

僕がリードを持って庭に出ると、トッポはすぐうれしそうに飛びついてきて、キューンキューンと悲鳴のような声をあげてよろこびました。

こんなに散歩に行きたがっていたんだということに、なんでもっと早く気づいてあげられなかったんだろうと、僕は少しだけ申し訳ない気持ちになりました。

母親の散歩コースはいつも決まっているようです。

でも僕はなるべく人と会いたくなくて、トッポの行こうとする方向とは違う、なるべく人気のない道を選んで歩きました。

ところが散歩初日。

いきなり3人組の女子高生と出くわしてしまいました。

女子高生はトッポを見かけるなり、

「うわ、きったない！」

「なにが？」

「あの犬。まじでやばくない？」

と言い、きゃははと笑いました。

女子高生たちは容赦ありませんでした。

僕は恥ずかしくて顔から火が出そうで、彼女たちに道を譲ろうとしましたが、トッポはなにを思ったか、いきなり女子高生の股間に鼻を押し付けたのです。

「ぎゃあ！　なになになに？　犬こっちきたんだけど！」

僕はあわててトッポを引き寄せようとしますが、トッポは力が強く、思い通りにいかなくて、ごめんねごめんねと女子高生たちに何度もあやまりながら、自分はどう考えても日中からふらふらしているあやしいおじさんだし、対等に話せるような身分ではないので、と心に念じながら、逃げるようにしてその場を立ち去りました。

「まじでキモいんですけどー」

という声が追いかけてきました。

もう二度と散歩なんて行くものかと思いました。

ところがトッポは翌日も朝から散歩を要求しました。

はじめは無視していましたが、うるさく吠えました。リードを見せるまで吠え続けました。

犬と2人で生活をしていれば、犬の世話をしなければならなくなります。

そして、それはやりたいときにやればいいものではなく、やりたくなくてもやらなければならないことになります。

強制的な散歩。バイト代の出ない仕事だなとぼやきながら出かけたら、また同じ場所で3人組の女子高生と出くわしました。

「わ、また来た！」

僕は困惑しました。と同時に、規則正しい生活というのはこういうことなんだと感心もしました。

その3人組が気に入っている様子のトッポ。

「変なとこ、匂いかぐなってー」

「ちょっと制服に毛、つくし！」

「本当にきたねえなあ」

女子高生は口が悪いながらも、それほどいやがっている風ではなく、トッポに対する愛情を感じました。

僕もごめんね、ごめんね、と言いながらも、トッポと女子高生のささやかなコミュニケーションをほほえましい気持ちで見守りました。

毎日、2回ずつのトッポの食事と散歩。

そのおかげで、僕の生活リズムはだんだん安定してきました。

母親のいない家を定期的に掃除したり、自分で食事を作るようにもなりました。朝が早いので、夜も早く寝られるようになりました。

文字にすればたったそれだけのことですが、僕が部屋の中でずっと抱え続けていた先行きの見えない不安のようなものは、規則正しい生活のおかげで、いつの間にか頭の中から消えていったのです。

女子高生たちとは、その後も遭遇しました。

「きれいにしたんだよ」。今度は僕の方から声をかけました。

トッポをきれいに洗ってブラッシングしてやりましたし、犬用の香水もふってやったのです。

女子高生の一人が、おそるおそる手を伸ばすと、トッポはその手をぺろぺろなめました。その子が「かわいいかも?」と言うと、ほかの2人もかわりばんこにトッポをなでてくれました。

トッポはなでてもらうたびに、きれいになった体をこすりつけて喜びました。

はじめはそそくさと逃げるように歩いていた散歩ですが、ゆっくりと歩くようになると、通行人がトッポに目を留めて、かわいがってくれるようになりました。

トッポは人なつこい犬のようでした。子どもでも、お年寄りでも、どんな人に対しても愛想良くしっぽをふり、体をこすりつけたので、近所では人気の犬になりました。

女子高生たちとはその後も何度か会いました。

ときどきジャーキーをくれたり、写真を撮ったりしてくれました。

でもしばらくするといつもの時間に散歩に出かけても、同じ場所で会えなくなりました。通学路を変えたのか、付き合う友だちが変わったのかもしれません。

結局、彼女たちの名前も聞かずじまいでした。

少しさびしかったですが、僕の規則正しい生活はその後もずっと続きました。

母も無事に退院しました。


もちろん、この経験がすべてではありません。

でもその後、ふたたび東京に出てこられて、いまこうして責任のある仕事を持ち、奥さんと、2人の子どもと幸せに暮らしていられるのは、あのときトッポと2人で暮らした経験のおかげじゃないかと思っています。

いまでもときどき、仕事が忙しかったり、人間関係で疲れたときなどは、世界がほんの少し遠くに感じられることがあります。

そんなときでも、僕と社会を強引につないでくれた、あのときのトッポのことを思い出すと、もう少しがんばろうという気力がわいてくるのです。

自分を受け入れてくれる存在が、
たった一人でもいればいい。

STORY

9

グッチ

ちゃんと、
守ってくれますか?

犬は群れを作る動物です。そして群れの仲間は、基本的に私たち人間の家族です。

群れはリーダーを筆頭としたタテ一列の順位で構成され、その順位が確定するまで、犬はずっと「リーダは誰？」「誰に従えばいい？」「生きる術は誰から教われればいい？」を考え続けます。

人間の場合は、家庭という最小の群れの中でも、会社でも、学校でも、ひとりひとりの価値観は変わります。したがって、喜怒哀楽の感情は別々ですし、自分の行動の決定権も自分にあります。

ところが犬の場合は、群れの価値観が「同化」するので、喜怒哀楽の感情も同化します。

そして自分の行動の決定権は、上位のものが持つことになるのです。

こんな風に自分の一生にかかわることなので、犬のリーダー選びは非常に慎重です。

犬は幼犬期からいろいろなことを試しはじめ、時には3歳くらいまで試していることがあります。

たとえば散歩中に飼い主の行く方向と反対に引っ張ってみたり、いつも食べているものを突然嫌がってみたりといった行動がそうです。飼い主の手を噛んでみることもあります。

その時の飼い主の反応や行動を見て、犬は「この人についていっても大丈夫か？」を判断するのです。


ではどうすれば、犬からリーダーと認めてもらえるのでしょうか。

犬がリーダーを選ぶポイントは主にふたつ。

ひとつは「自分を外敵から守ってくれる力があるかどうか？」です。

リーダーの力が弱いと群れが崩壊してしまうからですが、犬の世界でいうところの〝守れる力〟とは格闘力ではなく、精神力のことをさします。つまり「絶対に守ってやる」という強い意志を持ってくれているかどうかが、犬にとっては重要なのです。

もうひとつは「自分のことを大切に思ってくれているかどうか？」です。

おいしい食べ物をくれたり、体をやさしくなでてくれたり、笑顔で名前を呼んでくれたりするのも愛情かもしれません。しかし、犬はそれだけでは満足に愛されているとは認識できません。

犬にとっては「自分の将来のために心を鬼にしてしっかり叱ってくれる」という愛情も必要なのです。

つまり表面だけではなく、心の底から愛情を伝えられる人間だけが、犬のリーダーになれるのです。

君が好きだから

——6歳の柴犬（♀）と出会った　45歳男性より

中学2年の時、通学路の途中にある同級生の家にいた柴犬グッチの話です。

グッチは朝から晩までよく吠える近所迷惑な犬でした。家族以外の人なら誰に対しても大きな声で吠えかかるので、宅配のお兄さんをはじめ、家の前を通る人みんなから怖がられていました。あまりにも激しく吠えるので「変な病気を持っているんじゃないか」なんていう悪い噂もされていたほどです。

ある日、学校帰りにふと見ると同級生の家の門が少し開いていました。猛犬注意というステッカーが貼られ、いつも隙間からグッチが鋭い歯をのぞかせていた門。家の人は留守にしているようです。

ふと気になってグッチに近づいてみると、やっぱり激しく吠えられました。うかつに手を出したら噛まれそうな勢いです。「しー」と言っても、全然吠えるのをやめません。ところがしばらく吠えっぱなしにさせていたら、だんだんと声が小さくなっていきました。もう少しだけ近づいてみると、今度はうなり声だけになりました。そして手が届く距離まで近づくと、急に静かになりました。さらに勇気を出して背中をなでてみると、グッチは完全におとなしくなりました。

目を見ると、甘えたそうな目つきです。その瞬間に僕は確信しました。

グッチは怒って吠えていたんじゃなくて、ずっと寂しくて、かまってほしくて吠えていたのだと。

その事実に、僕だけが気づいたのかもしれない。そう思ったら興奮が止まらなくなって、それから1時間ぐらいずっとグッチを触っていました。

思った通り、その日以来グッチは僕にだけは吠えなくなります。

学校の帰りに立ち寄れば、まるで一日ずっと待っていたような顔で、しっぽを振って迎えてくれました。

同級生のお母さんは「うちの家族にも、そんな風になついたことないわよ。すごいね」とほめてくれました。

僕はますます誇らしい気持ちになり、毎日欠かさずグッチと遊んでから帰るようになりました。

そしてグッチと仲良くなってから、1ヵ月ほど経った頃だと思います。いつものように、学校帰りにグッチをかわいがっていると、その日のグッチはいつもに増して甘え方が激しく、体全体で喜びを表現しようとしていました。

どうしたの？　よしよし。僕も嬉しくなって、いつも以上にゴシゴシ触ってあげていると、いきなり手に鋭い痛みが。

いててててて！　グッチが僕の手を噛んだのです。同級生のお母さんがあわてて家から飛び出してきました。なにがグッチの気にさわったんだろう。僕は血だらけの手をおさえながら呆然としていました。僕にだけはずっと怒らなかったのに。触り方が下手だったのかな。たまたま機嫌が悪かったのかな。同級生のお母さんがすぐに傷の手当をしてくれました。病院でも治療を受けたので傷は早く治りましたが、グッチに噛まれたショックはしばらく尾を引きました。

そのことがあってから、なんとなく友だちの家には寄りづらくなりました。学年もちょうど3年になり高校の受験も控えたこともあり、同級生の家の前を通ってもまっすぐ家に帰る日が多くなりました。

家の前を通ってもグッチはあいかわらず僕にだけは吠えず、門の奥から寂しげな目でこちらの様子を見ていましたが、僕はだんだん目を合わせるのも辛くなってきて、そのうち違う道を通って帰るようになりました。

僕とグッチとの交流は、その時点でおしまいとなります。


そんなことがあってから、もう何十年と経ちました。

そして最近、犬に詳しい人からこんなことを聞いたのです。

「犬は最も頼りにしている人に対して、本当に自分を守ってくれる人かどうかを確かめることがある」

その話を聞いた瞬間、忘れかけていたグッチとの思い出が一気によみがえりました。

と同時に、グッチが僕を噛んだのは脅かしではなく、嫌だったのでもなく、ただ単に僕のことを、心から信頼したがっていたんだと気づいてしまったのです。

どうしてわかってあげられなかったんだろう。今では申し訳ない気持ちでいっぱいです。

ただ今では、グッチの顔を時々思い出すようにしています。

それは僕にだけ甘えてくれていた時の、おっとりとした優しい顔です。

「犬は死んだら、虹の橋を渡って天国に行く」と言いますが、グッチも虹の橋の向こうで、ずっとそんな顔をしてくれていたらいいなと思います。

信頼したいから、
傷つけてしまうこともある。

STORY 10

リロ

いつの間にか
やってくる

犬の成長は早く、生後1年で人間でいう12歳ほどになります。

その後は、1年で4歳から6歳ほど歳をとるといわれています。

10歳にもなれば、人間の60歳から70歳。人間であれば定年を迎えます。

成長が思ったよりも早いということは、老化も思ったより早いということ。

私たちにとっての10年間を、犬はたった2年で過ごしてしまうことになります。


居間でくつろぐ犬をみて、(最近、少し元気がなくなってきたかな)と思っている間にも、猛スピードで老化が進んでいます。

今までらくらく飛びこえていた道路のみぞの前で立ち止まるようになります。

階段を嫌がるようになります。ボールを追わなくなります。あまり吠えなくなります。

食欲が落ちてきます。名前を呼んでもすぐには来なくなります。

どうすれば早く気づいてあげられるか。

犬のわかりやすい老化は、目と耳にあらわれます。

目の場合、一般的に多いのは、「白内障」という目の表面に白い膜ができる病気です。

だんだん白い部分が増えていって、最終的には失明することになります。

また、耳が聞こえづらくなる犬もいます。

犬が、呼んでもすぐに来なくなったり、指示を出しても知らんぷりするのは、頑固になっているわけではなく、単純に老化で耳が遠くなっている可能性があります。

どの犬も、目と耳はひとしく老化していきます。

ところが不思議なことに、目と耳が両方同時にダメになる、というケースは非常にまれです。

個体差があって、目が悪くなる犬と、耳が悪くなる

犬がいるのです。

そして、目が悪くなってきた犬の耳はたいてい良く、耳が悪くなってきた犬の目もまた、たいてい良いのです。

ですから飼い主は犬になにかを教える時、言葉で伝えるだけではなく、ボディランゲージも取り入れておきたいものです。

そうすれば、外出する時、その場を離れる時などに、犬の安全を確保しやすくなります。

自分の老化を自覚できない犬にとっての、心の支えにもなるでしょう。

幸福な瞬間

――7歳のチワワ（♀）を飼う　27歳女性より

私は暇さえあれば、田舎にいた頃の自分だったら絶対うらやましがるだろうなと思うような場所に出かけていき〝話題のパンケーキ、美味しい以前に超カワイイ！〟〝ビーチで最高の仲間とビール片手にイエーイ！　してます〟〝人生で一番のセミナーだったかも？　これから懇親会に参加しますね！〟〝これ見るまで死ななくて本当に良かったと感じられる絶景〟などとコメントしては、幸せそうな瞬間を切り取り、ＳＮＳに投稿することに夢中でした。

もちろん、「一度しかない人生だからできるだけ充実させたい」という気持ちもありました。でも本当は充実したいというよりも、〝充実している自分〟をアピールすることと自体にやみつきになっていたのです。

実際どんなに楽しいことをするよりも、美味しいものを食べるよりも、美しいものを見るよりも、私の投稿に向けた「いいね」や「コメント」の数が多い方が、私の心は満たされました。

中でも一番、満足度が高かったのは、愛犬の画像や動画をアップしたときです。

夜遅くに私が仕事からマンションに帰ってくると、チワワのリロはいつも玄関先まで私の靴下をくわえて出迎えてくれるのですが、デスクワークで足が冷え切っていた日に、たまたまリロが毛糸の靴下をくわえて持ってきてくれたことをとてもほめたところ、それ以来リロは毎晩、短いしっぽをぶんぶん振りながら私の靴下をくわえて出迎えてくれるようになったのです。

そんなリロの姿をすかさず撮影してアップすると、すぐに「超お利口さん！」「思わず抱きしめたくなる！」「ベリーキュート！」といったコメントがつき、私はそのたびに快感を覚えていました。

ところがある日、ベッドに寝そべりながら（今日はいくつコメントがついたかな？）とスマホをチェックしていたところ、リロの写真に寄せられたコメントの中に気になる内容を発見したのです。

「もし勘違いだったらごめんなさい。ワンちゃんの目が白く濁ってませんか？」

え？　背筋に冷たいものが走りました。

あわててリロの顔をよく見ると、たしかに黒目の表面に、薄い膜のようなものが張っていたのです。気になってネットで同じような症状を調べてみたら、〝白内障の疑いがある〟という記事を見つけました。

私は動揺しましたが、でもまさかそんなはずはないと思い直しました。なぜならこの日もリロはちゃんと靴下を持ってきてくれたし、お気に入りの生食タイプのドッグフードも全部平らげてくれたし、ずっと私の後についてきて、今もこうしてひざの上に乗って甘えてくれていたからです。

でも翌日、動物病院に連れていくと、願いとは裏腹に獣医さんからこう言われました。

「おそらく目が見えなくなって1年くらい経っています」

信じられませんでした。

なぜ？　リロは家では普通に過ごしているのに。毎日、靴下も持ってきてくれるのに。

泣きそうになっている私に、獣医さんはやさしく教えてくれました。

「犬っていうのは嗅覚が並外れているんです。慣れている家の中くらいだったら、嗅覚を使えば普段通りに過ごせるでしょう」

たしかに診察室にいるリロの足元はふらふらとしていました。それは自宅では見せたことがないような頼りない姿でした。

「毎日よく散歩したり、遊んであげたりしてますか？」と獣医さんに聞かれ、私は答えられずにいました。日中は家を空けていることが多かったし、家にいても私はスマホばかりを見ていて、リロのことは基本的に放ったらかしだったような気がします。

「この子はきっと飼い主さんにかまってほしくて、一生懸命だったんだと思います。目が見えなくなっても、飼い主さんを心配させたくなくて、がんばっていつも通り元気に振る舞おうとしていたんでしょう」

獣医さんの言葉を聞いて、私は申し訳ない気持ちでいっぱいになりました。

「リロは私のことをうらんでいるでしょうか？」

「とんでもない」。獣医さんは首を横に振りました。

「犬は飼い主のことをうらんだりしません。犬にはそんなことはできませんよ。毎日、靴下を持ってきてくれたって、おっしゃってましたよね。ほめてあげましたか？」

「……はい」

「この子は、きっとそれだけで幸せなんです。飼い主さんの幸せそうな雰囲気さえ感じられれば、もうそれだけで十分幸せなんですよ」

獣医さんのその言葉を聞いて、私の目から涙がこぼれました。

私はどうして今まで、リロの異変に気づいてあげられなかったのだろうか。

ずっとリロのことを見ていたつもりでいたけれど、実際はきっと一日のうちに数回、それも数秒しか見ていなかったのでしょう。

リロが白内障だとわかった日以来、私はＳＮＳと距離を置くようになりました。見られることを意識したグルメも、旅行も、勉強会も一切やめました。

そのかわりに、自分の部屋をきれいに片付けて、家具の角にクッションをつけて、リロが歩きやすいように工夫しました。そして仕事がある日はなるべく早めに帰宅して、リロと触れ合う時間を作るようにしました。

今でも玄関のドアをそっと開けると、靴下をくわえたリロがとことこと私の足元に駆け寄ってきてくれます。

リロの小さな体を抱き上げると、スマホを握っている時には感じられなかった体温を、今では十分に感じることができます。

そしてたくさんほめてあげます。

「超お利口さん！」「思わず抱きしめたくなる！」「ベリーキュート！」

するとリロはしっぽを振りながら、見えない目でじっと私のことを見つめてくれるのです。

もっと愛するということは、
もっと観察するということ。

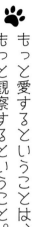

STORY 11

リン

一緒にいたい！

行動を起こすときの動機はなにか？

人間と犬とをくらべると、大きな違いがあります。

人間には理性が備わっているため、人間の行動はすべて理性に左右されてしまいます。

簡単に言ってしまえば、「行動するためには理由が必要」なのです。

好きな人に対して、好きと思うことでさえそうです。

なぜ好きなのか？　なぜ素敵だと思うのか？　などの理由を考えてからじゃないと、なかなか好きだと認めることができません。

しかし、もちろん、好きになることに理由なんて存在しません。

「好きな人と一緒にいる」という単純な行動ひとつとっても、なぜそうするべきなのか？　なんて明確な説明はつかないはずです。

でもとても説明がつかないようなことでも、自分のやろうとすることに対して、なんとか理由をくっつけるのが人間の癖なのです。


一方、犬は自分の感情にひたすらまっすぐです。

その行動も直線的です。

犬がこの人と一緒にいたいと思った時は、とにかく一緒にいようとします。

それだけじゃありません。

自分のどんな行動においても、「なぜそうするのか？」「なぜそうしたいのか？」犬はわかっていないでしょう。

もしも人間の言葉を話すことができたなら、ただ「そうしたいから」と答えるはずです。


私たちは自分のわき上がる感情に対して、正当な理由をつけようとします。

そのとき、いい理由を思いつかない場合は、無視しようとしがちです。

また、理由を思いついたとしても、周囲の同意を得られないような理由しか思いつかなかった場合は、それを表現することもためらわれます。

それこそが、知的能力の高さのあらわれでもあります。

しかし犬がいる家庭では、少し様子がちがいます。

時々、この犬の〝まっすぐさ〟に影響されて、飼い主である人間側も「理由のない行動」をしてしまうことがあるのです。
そして理由のない、感情にまかせた行動が、夫婦、親子、恋人の関係を、大きく好転させることもあります。

犬のまっすぐな瞳を見てみてください。
「どうして一緒にいたいの？」

一緒にいたいから。

まっすぐな姿勢に、気持ちが強くゆさぶられるのです。

行かないで

――14歳のパグ（♀）を飼っていた　35歳女性より

パグのリンはとても表情豊かな犬でした。

家族に怒られると泣きそうな顔をしますし、ごはんの時間が近づいてくるとパッと目を輝かせます。

留守をしていた家族が帰ってくればニコニコしながら突進してきますし、家族に留守番を頼まれそうなときは不満そうな顔でクンクン鼻をならします。

そんなリンのことが大好きな私は、いつも一緒にソファの上でくっつきあって、リンの顔を愛おしい気持ちでながめながら体をなでてあげました。リンのむちむちとしたさわり心地がお気に入りでした。

リンは感情を出すことが得意なのに、私は感情を表に出すことが苦手で、クラスの同級生たちからは「冷たい」「なにを考えてるかわからない」などと言われて敬遠されていました。

ただ感情の起伏がなかったわけではなく、むしろ傷つきやすい性格でしたし、嫌な感情を引きずりやすい性格でもあります。ただ私は自分が抱いている感情を、他人に対してうまく表現することができなかったのです。

私の父はほとんど家にいない人でしたが、そんな状況から感じるこのもやもやとした気持ちも、いつも家にいる母に向かって伝えることができませんでした。

はたして悲しいのか、腹立たしいのか、どうでもいいと思っているのか、それさえもわかりません。

父は時々帰ってくるたびに「学校はどうだ?」とか「うまくやってるか?」などとたずねてくるのですが、私はただ笑顔を貼りつけて「たのしいよ」「うまくやってるよ」としか答えられませんでした。


そんな私が吹奏楽部に入った理由はシンプルです。楽器の演奏だったら、スポーツのように声を掛け合ったりすることなく、あまり人とコミュニケーションを取らなくても済みそうだと思ったからです。

でも実際は、想像していたものとは違いました。

演奏中の部員たちは無言で、それぞれが自分の楽器に集中しますが、たとえみんな黙っていたとしても、楽器を通してお互いの考えや気持ちを通わせ合うのです。お互いに無言の会話をくり返しながら、ひとつの曲を作り上げていくのだということを知って以来、私は吹奏楽の世界に夢中になりました。

私の担当は打楽器でしたが、どれだけ叩いても叩き足りませんでした。部活が終わった後、部員たちと雑談をする時間も、私にとっては自分の考えを素直に話せる貴重な時間でした。


部活の帰りは夜9時を過ぎることもありました。

その分リンと触れ合う時間は減っていましたが、私はそのことを特に気にしてはいませんでした。

するとあるときから〝部活で帰りが遅くなる日は、バチが入ったスティックケースを持って出る〟ことに気づかれたのか、毎朝スティックケースが、鉢植えの後ろ、タオルケットの下、棚と棚のすきまなど、家のどこかに隠されるようになったのです。

リンはスティックケースさえなければ、私が早く帰ってくると信じているのでした。

おかげで毎朝リンとの知恵比べに勝たないと、私は学校に出かけることができなくなってしまいました。

私は「もうやめてよ」と何度も怒りましたが、リンはイタズラを全然やめようとはしてくれません。でもそれはきっと、私も〝宝探し〟をけっこう楽しんでいることにリンも気づいていたからでしょう。


でも吹奏楽コンクールをあと1週間後に控えていた朝は、さすがの私もスティックケースが見つからないことにイライラしていました。

「どこ？　リン！　今日はどこやったの？」

いくら問いかけても、リンは反応しません。我関せずと、ソファの上で静かに眠っています。

すでに高齢だったリンは体力がないのか、一度眠りはじめるとなかなか起きなかったのです。

ちょうどその日のことでした。

授業が終わった頃、母から〝リンが危ないかも〟というメッセージが。

あまりにも突然のことに、私は半分パニック状態で学校を飛び出しました。

家に戻ると、父もいました。

そして両親の表情を見て、すでにリンが息を引き取ったことを知りました。

いっぱいの保冷剤に、リンが愛用していたタオルケット。

ソファの上で目を閉じているリンの横に、ぎゅうぎゅうに押し込まれているものがありました。


引っ張り出してみると、それはスティックケースでした。


「今日はよっぽど出かけてほしくなかったんだね」

母がそう言ったとたん、心の中にたまっていた感情が一気にあふれ出してきました。

「宝探しむずかしかったよ。ぜんぜんわからなかったよ。リンの勝ちだよ。降参だよ。むずかしすぎるよ。ぜんぜんわからなかったじゃない。リン、ひどいよ。もっと早く言ってよ」

私だって、お父さんのカバン隠したかったよ。

「帰ってこられなくてごめん」。そう言ったのは父でした。

驚いたことに、父の目も真っ赤になっていました。はじめて見る父の涙でした。

私はリンの体に顔をうずめました。

犬の匂い。弾力のある毛。リンのあんなに表情豊かだった顔はもう固くなりはじめていましたが、まだほんの少しだけ温かいような気がして、私は涙を流しながら心のどこかでほっとしていました。

同じ思いでいる両親の姿を、今日生まれてはじめて見ることができたからです。

その後、両親の間にどういう話し合いがあったのかはわかりません。

でも、父は次第に家に帰ってくるようになり、だんだんと母との会話も増え、父はいつの間にか家にいるようになりました。

あれから20年ほど経ち、私は結婚してすでに家を出ていますが、今もなお両親は仲良く暮らしているようです。

この世で生きる喜びの一つは、
誰かを信じて待つこと。

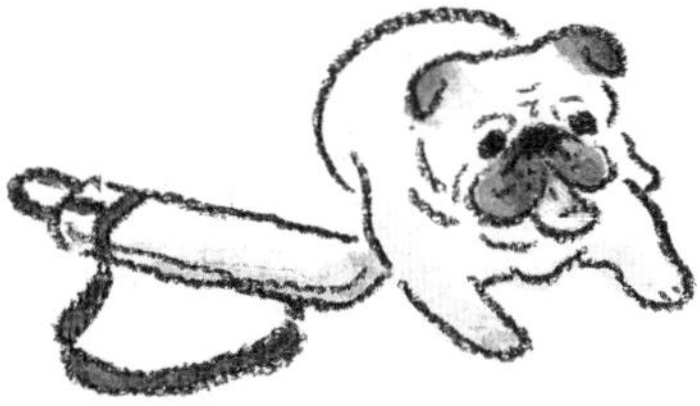

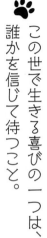

STORY

12

レオン

大好きな時間

飼い主の横に寄り添って、うとうとしている犬。

とても幸せそうな光景ですが、犬にはもっと幸せなことがあります。

それは遊びでも作業でもいいから、とにかく大好きな飼い主と同じ行動をすることです。

犬に自分の家族（群れ）と認めてもらうためには、その犬と同じ行動を取らなければなりません。

走るときは一緒に走り、寝るときは一緒に寝ます。

そして喜ぶときも、悲しむときも、怒るときも、感情を共有するのです。

犬同士の行動を見ているとよくわかります。

初対面の犬同士が出合うと、まずお互いのおしりの匂いをかぎあいます。

そして〝仲良くなりたいな〟と思った犬は、突然、全力で走ろうとします。

一緒に走ることが、仲間である証拠だからです。

ですから、犬と仲良くなりたかったら、しつけをしたり、ごほうびをあげる前に、まず犬と一緒に走ることです。

ただそれだけの行動が、人から犬へ、犬から人へ、心をつなぎます。

そして仲良くなる基本は、やはり〝散歩〟です。

犬にとっての散歩は、ただの運動ではありません。

犬は散歩中、まわりの匂いが変わっただけで、近所でなにが起きているかを知ることができます。誰かが引っ越してくれば、それも匂いで感知します。しばらく会っていない犬の近況も、匂いによって把握します。

ちょうど私たちが、テレビでニュースを見るようなものです。

また散歩は情報収集ができるだけではなく、外の空気に触れて、季節を感じられる、犬にとって最高の時間でもあります。


その大好きな時間を「誰と過ごせるか？」が、犬にとってはとても重要なことです。

大好きな時間を、大好きな飼い主と過ごせるなら、犬にとっては、それ以上に幸せなことがないのです。

後悔する意味

――7歳の柴犬（♂）を飼っていた　17歳男子より

うちの家族はマンションから、郊外の一戸建てに引っ越すことになりました。線路沿いの小さな家でしたが、憧れの一戸建て生活のスタートに、家族全員とてもワクワクしていました。

そして引っ越してすぐ、僕は「犬を飼いたい」と思いました。新しい家の近所には犬を飼っているお家が多く、大きくて立派な犬をかっこよく散歩させている人をよく見かけたからです。マンション育ちで金魚しか飼ったことがなかった僕にとって、犬という動物は見るのも、触るのも新鮮な存在でした。

僕が「犬を飼いたい」と言い出すと、案の定、両親は反対をしましたが、「早起きをするから」「散歩には必ず毎日行くから」「宿題もちゃんとやるから」と毎日言い続けていたら、僕のしつこさに負けたのか、両親ももともと犬を飼いたいと思っていたのか、ある日学校から帰ると家に茶色い子犬がいました。

「犬だ！」と僕は叫び、天にものぼる気持ちで抱き上げました。両親に何度も何度も感謝しました。

それは父が知り合いからもらってきた柴犬で、父が好きだった野球選手にちなんでレオンと名付けました。

レオンは犬とキツネを混ぜたような顔をしていて、まさに天使のような存在でした。僕は1日中ずっとレオンの頭をなでたり、抱きしめたり、オテやオスワリを教えていました。ずっと離れたくないと思いました。世界一愛おしい存在だと思いました。


レオンは毎日僕とよく遊び、散歩もかけっこも好きでした。

中でも一番興奮していたのがリードのひっぱりっこです。レオンは姿勢を低くし、グルルルルとうなり声をあげながら、首をぶんぶん振りました。

ひっぱりっこが大好きなレオンは毎日、リードを僕の手に押し付けてきました。〝ひっぱれ〟というのです。僕も楽しくて、くたくたになるまでひっぱりっこに付き合ってあげていました。

ところが僕は悪い子どもでした。すぐに、レオンと遊ぶことに飽きてしまったのです。

飼いはじめて1ヵ月もたたずに散歩に行くことが面倒くさくなり、その時間があったら部屋でゲームをしたり、友だちの家に遊びに行ったりしたいと思うようになりました。レオンをなでると、手が犬臭くなるのも嫌になりました。

そんな僕の様子を見て、母は「なんでちゃんとレオンの世話をしてあげないの」「ちゃんと世話するって約束したじゃない」などと叱りましたが、僕は生返事ばかりを繰り返していました。

僕がさぼっているので、母が仕方なくレオンのひっぱりっこをしてあげていたときのことです。

レオンの口からゴオ、ゴオという雑音が聞こえてきたみたいです。母が心配して、動物病院で予防接種を受けるついでに、レオンの体を検査してもらったところ、レオンには先天性の心疾患があることがわかりました。

そして獣医師さんから「この子は生まれつき心臓の弁がうまく機能せず、血の一部が逆流するので、すぐにバテてしまいます」と言われたそうです。

このとき母は暗い顔をしていましたが、僕はひどい話ですが、むしろ「それなら、散歩をがんばらなくても済むかも」と少しほっとしたことを覚えています。

実際その日以来、僕は「レオンを疲れさせちゃうから」と言い訳しては朝夕の散歩を時々さぼるようになり、レオンの世話はほとんど母がするようになりました。

そんな僕だったにもかかわらず、レオンは毎日僕が家に帰ってくるたびに、犬小屋から出てきてしっぽを振ってくれました。


僕が高校生になってからこんな事件がありました。

同級生の女の子が僕の家に遊びにきたとき、彼女の背後から「ぐえぇ、ぐえぇ」という奇妙な声がしたのです。

おびえた表情の彼女の向こう見えたのは、大量の汚物を吐き出しているレオンの姿でした。なんともいえない色をした液体が犬小屋の周囲に散乱していました。

僕はどうしていいかわからず「おいレオン！　なにやってるんだ！」と怒鳴りつけましたが、恥ずかしいことに、母親が片付けにきてくれるまでなにもすることができず、ただただ彼女の前で格好をつけようとだけしていました。

今思い返してみても僕の恋が実らなかったのは、まったくレオンのせいではないと思います。

でも、僕はそれを全部レオンのせいだと決めつけ、ますますレオンに対して冷たい態度を取るようになりました。

レオンが体をすり寄せてくれば、制服に犬の毛がつくと思って突き放しましたし、鳴きやまないときは窓を開けて「うるさい！」と怒鳴りました。それでも鳴きやまなければ、水を浴びせかけたこともありますし、出ていってお尻をぶったこともあります。犬小屋の屋根をたたいておどかしたこともあります。

そのたびにレオンはすごすごと犬小屋にもどり、中からさみしそうな目で僕のことを見つめていたのをよく覚えています。

中でも一番ひどいことをしたと今でも後悔しているのは、レオンがリードをくわえて持ってきたときのことです。

そのリードをひったくって、僕はレオンの顔に投げつけてしまいました。

そのときレオンはなにかの遊びと勘違いしたのかしっぽを振っていましたが、その様子がますますうっとうしく「しつこいよ！」と怒鳴りつけました。

そんなことがあっても、レオンは毎日僕が家に帰ってくれば、飽きもせずに犬小屋から出てきて、しっぽを振ってくれていました。


レオンの元気がなくなったのは突然のことです。

犬小屋のわきで茶色い毛の塊がぐったりとしていたので、そばにしゃがむと、レオンは大きな口を開けてあえいでいました。

もう先が長くないことは一目瞭然でした。

僕はふと思い立ち、母が捨てられず玄関の壁にかけたままにしていたリードを、レオンの口の近くにそっと垂らしてみました。

すると、レオンは口のはしっこでリードをくわえ、聞こえるか聞こえないかのかすかな声で「グウ」と言ったのです。

ひっぱってみました。

でも抵抗はなく、リードはポトリとレオンの前の地面に落ちました。

またリードをぶらぶらさせてみましたが、レオンはもう反応しません。

そのかわり、レオンはちょっとだけ顔を上げて、僕のことを見ました。

それが最後です。

7歳でしたから長生きとは言えません。心臓が弱いのは本当だったようです。

僕はもう動かない体をなでながら、レオンのことを思い出していました。

全身をこすりつけながら甘えてきたレオン。

家族に怒られて、申し訳なさそうにしているレオン。

おいしそうに餌をがっついているレオン。

家族が帰ってくるたびに、鎖をジャラジャラいわせて、犬小屋から姿をあらわしたレオン。

もう記憶から消えはじめているレオンの形を忘れないよう、僕はずっとレオンにさわり続けていました。

でも時間がたって、レオンの体が少しずつ冷たくなってきて、「もうリードのひっぱりっこはできない」と思ったとたん、急に涙がこみあげてきました。

レオンはいつも期待に満ちた目で、僕のことを見ていました。
毎日、僕と遊ぶことをあきらめようとはしませんでした。
それなのに、なんで僕はずっと遊んであげようとしなかったんだろう。
部活とか、試験勉強とか、寒いとか暑いとか、そんな言い訳ばかりして。
取り戻せないものの存在の大きさを知り、僕はいつまでも泣き続けていました。

大切なことを後回しにできるほど、一生は長くない。

STORY

13

ピート

最愛の犬との別れ

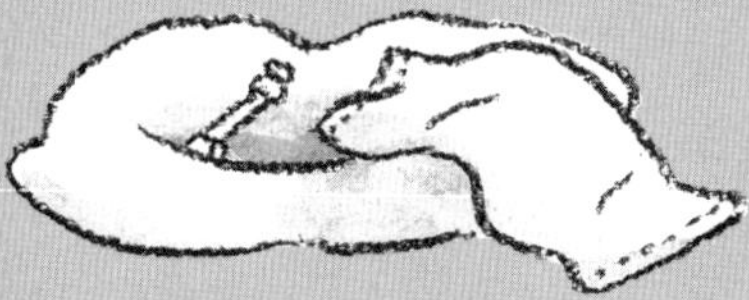

最愛のペットを失う。

そのことをきっかけに、精神的に激しく落ち込んだり、体調を悪くすることがあります。

それは、ペットとともに過ごした時間によって培われた愛情が、行き場を失って引き起こされるものだともいわれます。

長年いたものがいなくなるのですから、誰だってさびしい気持ちになります。

ましてや犬は、私たちと密着した生活を送ります。

いつもそこにいるはずの犬がいない。

そう感じた時には、さびしいだけでなく「怖い」と思うことさえあるのです。

愛する飼い犬を失えば、誰もが経験するペットロス。

その中でも比較的、軽症で済む人と、日常生活ができなくなるほどの重症になる人がいます。

もちろん体力や精神力の個人差もあるでしょう。

しかし、ペットロスで苦しむ人には一定の傾向があります。

それは「もっと～してあげればよかった」「なぜ～してあげなかったんだろう」といった後悔を口にする人が多いということです。

「もう少しだけ気にしてあげていたら、ひどい病気にはならなかった」という明確な後悔もあります。

しかしそれだけではなく、「こんなことをしてあげたい」「一緒にこんなところに行きたい」と思いながら、ずっと先送りしていた。

時間の無さ、心の余裕の無さを理由に、あまりかまってあげられなかった。やってあげられたのに、やってあげられなかった、という後悔はなんでも、犬の死後に私たちを苦しめます。

犬に対する愛情の深さよりも、むしろ、犬に対する後悔の多さが、ペットロスの重さと比例するのではないでしょうか。

犬の寿命は短いです。

飼い主はいずれ飼い犬の死を迎えます。

10歳を過ぎれば、いつ別れることになっても不思議ではありません。

そして、ペットロスは本当に苦しいものです。

飼い犬を失ったあとに、犬と過ごした素敵な思い出だけを残したい。

そのためには、日頃から「いま愛犬に対してできることは、すべて、いますぐにやる」という覚悟と行動が必要です。

そしてその姿勢こそが、やがて自分を救うことにつながるのです。

2人と1匹

――12歳のパグ（♂）を飼っていた　35歳男性より

私たちが飼っていた黒パグのピートの話です。

新婚のころ、ペットショップでその個性的なルックスと出会って一目ぼれして、抱っこをさせてもらったところ、私たちの顔を交互にペロペロなめてくれたのがたまらなくかわいくて、その日のうちに飼うことを決めました。

ピートはちょこちょこと歩き、むしゃむしゃと食べ、ぐうぐうといびきをかき、とにかくうるさくて、愛嬌のある犬でした。

2人と1匹で過ごす時間は本当に幸せでした。

少しくらい夫婦で言い合いになっても、「ひどいこと言うよな、ピート」「ピートならそんなことしないよね」なんて会話にピートを挟むことによって空気をやわらげることができましたし、ピートのきょとんとした顔をひと目見れば、それだけで楽しい気持ちになりました。

ピートは人なつこい犬でしたが、その分さびしがりやでもありました。

ピートは私たちのどちらかがいないのがとにかく嫌みたいで、どちらかが出かけようとすると行かせないように、いつも玄関で待ちかまえているのです。

「ピート、〝いってらっしゃい〟だよ。また会えるから」と優しく声をかけても、ピートはもう二度と会えなくなるかのように、せつなそうな声で鳴いたり、ひざの上に乗ったり、前足で飛びかかったりして邪魔をしました。休み明けの日には、お腹をこわすこともあるほどナイーブだったのです。

共働きの私たちは、日中は妻が働き、夜は私が働いていたものですから、2人と1匹がそろう時間はほとんどなく、文字通りすれ違いの生活を続けていたのです。

そんな私たちは別れることになっていました。

子どもはいなかったので、それはさほど難しいことではなかったのですが、別れるにあたって悩んだのはピートのことです。

犬は人間の子どもとは違って、裁判で親権争いをすることはありません。ですからピートにとって幸せな環境はなにか、2人で真剣に考える必要がありました。

でもその答えが出るまでに、それほど長くはかかりませんでした。

妻が病気で仕事を休んだとき、私はピートを1人で飼う自信をすっかりなくしてしまったのです。

ベッドで寝ている妻から、私は一日中注意されっぱなしでした。

朝、散歩に出ようとすれば「こんな時間に出ちゃダメよ。アスファルトの上は60度くらいまで上がるんだから」と、餌をあげようとすれば「ちゃんと『マテ』をさせてからあげてよ」と、階段を好きに下りさせていたら「ピートは背骨が悪いんだから、抱きかかえてあげないと」などとたしなめられ、私はピートについてなんの知識も持ち合わせていなかったのだと反省しました。

もちろん私はピートのことが大好きでした。どんなに忙しくてもかまってあげていたつもりです。でも私はピートの健康のこと、しつけのことなど、大事なことが一切わかっていませんでした。予防接種のことも、あげている餌のことも、必要な薬のことも、すべて妻にまかせきりだったのです。

とてもさびしかったですが、私はピートの命を妻にゆだねることにしました。住んでいる家も妻のものでしたし、経済的にも妻のほうが余裕がありました。ピートは妻が引き取った方が幸せだろうと確信したのです。

夫婦生活最後の日は、妻とピートと散歩をしました。

2人と1匹、おそろいで出かけるピートは明らかにうれしそうでした。

スキップ気味に歩き、待ちきれないといった感じで先を行き、何度も何度も私たちの方を振り返りました。

時々振り返ったまま固まるピートの滑稽な顔を見て、私たちはふっと表情を崩し「ほんとブサイクだね」と言って笑い合いました。そんな風に妻となごやかに過ごしたのは、一体いつぶりだったか思い出すこともできません。

別れてから3年後、元妻から

「ピートはもう長くないかもしれない」

という電話をもらいました。

私の記憶の中ではペットショップで出会った子犬のときのままでしたが、ピートはすでもう12歳です。

私は休日を待って、以前住んでいた家を訪れました。

まだ懐かしさも感じられず、まるで昨日まで住んでいたかのように慣れ親しんだ〝元〟我が家の中で、ピートの姿だけが変わり果てていました。

以前なら私の姿を見れば飛びかかってきたはずのピートは横たわったまま。目だけで私の姿を確かめ、パタパタとしっぽを振りました。

背中をなでてあげながら「大丈夫か?」と言って抱きしめてあげると、ピートは荒い呼吸をしたまま、しっぽでこたえてくれました。


翌日、元妻から「死んだ」という連絡がありました。

もちろん覚悟はしていましたが、元妻の「ピートはみんながそろうの、待ってたのかもね」という言葉を聞いたときに、私はさみしい気持ちでいっぱいになりました。

2人と1匹がそろうことができて、ピートはようやく満足して、あの世にいったのかもしれません。

「いってらっしゃい。また会おうね」

見送るさびしさに、涙がこぼれました。

帰りが遅いと心配してくれたら、
ずっと大事な友だちだ。

STORY

14

モモ

リーダーの条件

犬は群れをつくります。群れの中では、たて一列の順位を確定させます。そして群れの掟（法律）は、犬にとってただひとつ。

〝リーダーに従う〟それだけです。

ただし犬の群れは、猿やアザラシの群れとは違います。次第に力をつけてきたオスが、やがて群れのリーダーに挑戦し、代替わりを狙うという習性を犬は持ちません。

そのぶんリーダー選びはかなり慎重です。判定するまでに、時には2～3年かけることもあります。

ですが、犬はある人をいったんリーダーと認めたら、その人に一生付き従うことになります。

犬は基本的に〝自分の選んだリーダーが喜ぶように〟行動しますから、リーダーとして認めてもらうことができたら、飼い犬に対してなにを要求しても、その犬は自分から率先してこたえようとしてくれるはずです。

犬にとっての理想の生活は、強い飼い主《リーダー》と過ごすことです。

犬にとっても、人間にとっても〝強いリーダー〟は同じ。

なにがあっても敵から守ってくれる、自分のことを愛してくれる、そして投げ出さない強い意志をもっている人こそが〝強いリーダー〟です。

ただやさしさがあればいいわけではありません。

欲しがればいつでも食べ物をくれる人と、犬の健康を考え、栄養を管理してくれる人を比べ、どちらに本当の深い愛情があるか、犬はその違いさえも感じ取ります。

大事なことは、群れのメンバーそれぞれと、正面から向き合っているかどうか。

リーダーは、群れのメンバーが良いことをすれば、面倒くさがらず何度でもほめますし、反対に悪いことをすれば、あきらめずに何度でもしっかりと叱ります。

犬と付き合う上で、なによりも大事なのは粘り強さです。

ややしつこいぐらいの行動こそが、犬にとっては尊敬に値するのです。

もう過去はいらない

――11歳のトイプードル（♀）を飼う　45歳女性より

廃業したブリーダーが面倒を見切れなくなり、保健所に収容されていた9歳の犬を引き取りました。

トイプードルのモモという犬で、赤毛は伸び放題で、皮膚病が少しあり、鼻の頭は一部はげていました。

そんな見た目でしたが、それも個性のように思えてかわいくて、私は動物が苦手な夫に何度もお願いして、家に迎えることを承諾してもらいました。

子宝に恵まれなかった私たちは、モモとはじまる新しい生活に期待していましたが、引き取った当日に早々と私は不安になってしまいます。

うちにやってきたモモは、はじめこそおとなしく部屋の様子をうかがっていましたが、すぐに問題行動を起こしはじめたのです。

ティッシュやテレビのリモコン、雑誌、靴下、ゴミ箱、クッションなどを片っ端からボロボロにするし、トイレシートの存在を無視して、カーペットのいたるところにオシッコをするし、玄関のチャイムが鳴るたびに吠えるし、私にも夫にも、家具にも、マウンティングの仕草をするし、掃除機をかければ、狂ったように追いかけてくるし、邪魔だからと抱き上げれば、うなって噛みつきました。

一日中、追いかけたり、叱りつけたり、私たち夫婦は声も枯れ、足腰も疲れ果て、モモを飼いはじめたことを後悔していました。

犬を飼うのって、こんなに大変なのだろうか。

それとも、保健所で悲しい思いを経験している犬だから、こんなに大変なのだろうか。

でもその答えがなんであれ、明日、保健所に返却しにいくわけにはいきません。

このとき命を預かるということの重大さに、ようやく気づいたのです。

それでも飼いたいと言い出したのは私です。

私は全力でモモを大切に育てようと思い、いろんなベテラン飼い主さんのブログを見て研究をはじめました。

その中で「問題のある飼い主はいるが、問題のある犬はいない」という言葉を見つけました。

モモに問題があるわけではなく、私が変わらないといけないとしたら、それはモモにとって安心感のあるリーダーになることです。

リーダーとは飼い犬の行動に一喜一憂することなく、一貫して毅然とした態度を取る存在です。

それは犬が快適に生きる権利を守ってあげることでもありました。

オシッコをするたびに怒られるとモモが混乱するので、まずはトイレシートを部屋の全面に敷き、少しずつトイレシートの数を減らしながら、トイレをする位置を確定してあげました。

玄関のチャイムが鳴るとモモが怯えるので、最初から外部の人に鳴らされないように電源ごと切りました。

掃除機をかけるとモモが興奮するので、モモが穏やかに過ごせるように、部屋はほうきで掃くようにしました。

モモに（本当にこの人に命を委ねても大丈夫なのか？）と心配させるとかわいそうなので、マウンティングさせないように、根気強く、おなかを見せる訓練をして、この家

を守らなくてもいいように教えてあげました。

その後どうなったか、結果から言うと、いくらそういった努力をしてもモモは変わりませんでした。

それでも良かったと思っています。モモと積極的にかかわるようになって、モモの左目が白く曇っていることに気づくことができたからです。

左目の白さは、ブリーダーから花粉症だという説明を受けていましたが、動物病院に連れていくと、すでに角膜炎を起こして失明していると言われました。また耳からは絶えず耳垢が出てきたのですが、ひどい外耳炎を起こしているとのことでした。

モモの鼻の頭がはげているのは、おそらく連れて行かれた保健所のケージの中で、誰か人が通るたびに、ケージの際まで寄ってきて一生懸命鼻をこすりつけていたからだろうと教えてもらいました。

そのとき、私はモモが9年間置かれていた環境を思い、ひどく胸を痛めました。うちにきて問題行動を起こし続けるのも、仕方がないことのような気がしました。


モモは一向になついてくれませんでした。

散歩にも行きたがりませんし、なでようとすれば、うなりました。

食事しているときに、お皿にうかつに手を出すと噛まれそうになることもあります。

そんな感じで、モモと私たち夫婦との間にはいつまでも距離がありました。

今こうしてモモの世話を続けている生活と、私が想像していた「犬と暮らす生活」とはずいぶんかけ離れていました。

でももう、それでもいい、と開き直っていました。

私は変わらずモモに愛情を注ぐ。

安心して暮らしてもらえるように、一貫して「大丈夫だよ」という態度を続ける。

でもそうしたからといって、別にモモが私になついてくれなくてもいい。

モモが少しでも安心感を持ってくれるならそれでいい。

そんな私の思いを一生懸命、夫に伝えたら、はじめは犬の世話におよび腰だった夫も、モモの訓練に協力してくれるようになりました。

そしてモモが11歳になった頃、私にとって二度と忘れられない出来事が起こります。

それは本当に突然の出来事でした。

朝いつもどおり、仕事に出かけようと靴を履いている私のところに、モモがのそのそと近寄ってきま

した。


珍しいなと思ったら、モモは私の足元でころっとひっくり返ったのです。

モモは潤んだ目で私のことを見つめていました。


私は思わず敬語でたずねてしまいました。

「おなか、なでていいんですか?」

犬にとっておなかは最大の弱点です。

おなかを見せてくれるということは、リラックスしてくれている証拠です。

私はうれしくて、感激して、夢中になって、毛むくじゃらのおなかをなでてあげました。

おなかがふくらんで、すうっとしずんでいく。

犬のおなかがこんなに、あったかいなんて。

当たり前だけど、モモは生きてるんだな。
私は仕事に出かけるのも忘れて、しばらくモモのおなかをさすっていました。
モモは気持ちよさそうな顔をして、ずっとこちらを見ていました。

一生の喜びの大半は、
信じる気持ちから生まれる。

STORY

15

ビッキー

困った行動の直し方

人間社会での生活ではいろいろな制約があり、一緒に暮らすワンちゃんにも守ってもらわなければならないことがたくさんあります。

外を通る人に吠えてばかりでは近所迷惑になってしまいますし、近寄ってきた子どもを噛んでしまうことは許されません。道に落ちている腐ったような食べ物を拾い食いされても困ります。汚れた足で飛びついて、他人の服を汚してしまうわけにもいきません。

そんなとき多くの飼い主さんは、いけないことをした愛犬に対して「いけない!」とか「NO」と叱ります。でもそれでなかなか直ることはないでしょう。

これは犬の頭脳が、物事を想像したり、予測することが苦手だからです。

要するに(これをすると叱られるかもしれないから、やめよう)という発想はあまりしないのです。

体験による記憶は残りますから、(こうしたら叱られた)とは学習するのですが、(だからやめよう)とは思わないのです。

ではどうしたら、困ったことを〝してしまう犬〟を、〝しない犬〟にしつけられるのでしょうか？

答えは簡単です。

犬は想像は苦手ですが、起きた事柄はすぐに覚えます。

しかも記憶力は相当いいのです。

そこで、困ったことを〝できない状況〟や〝しない状況〟をあえて作り、ほめればいいのです。

無駄に吠えたら叱ってもかまいません。ただその後、すぐに口を押さえ、吠えられなくしておいてから、一転してやさしくほめるのです。

すると犬は（吠えたら叱られた）と学習した直後に、（吠えなかったらほめられた）という結果を学習します。

飼い主さんにほめられたい犬は、この〝うれしい経験〟を学習して、吠えなくなるのです。

飛び付きや引っ張り癖を直すのも、同じことです。散歩の時、犬が激しく引っ張ると、リードを引き寄せながら強い口調で「いけない！」と叫んでいる飼い主さんをよく見かけますが、これは逆効果。リードを引き寄せながら叱ってい

ますから、愛犬はますます遠くに行こうとしてしまうのです。
愛犬が引っ張った時は、やさしく「おいで」とか「こっち」と言いながら、リードをやさしく引き寄せ、そばにきたらすぐにたくさんほめてあげましょう。〝引っ張ることが悪い〟と教えるのではなく、〝そばに寄り添って歩くことがいいこと〟だと教えるのです。
まるで違うことを教えているようにも思えるかもしれませんが、結果として犬は散歩の時に激しくリードを引っ張らなくなるでしょう。

犬との約束

――7歳のビーグル（♀）と過ごした　24歳女性より

社会人になってはじめての一人暮らしをするとき、私は母親のすすめで大家さんが同居しているアパートを選びました。

そのアパートは建物自体は古かったものの、庭には洋風のベンチとテーブル、大家のおばあちゃんがトマトやキュウリを育てている花壇があり、入り口にビーグル犬のビッキーがいる素敵なところでした。

落ち着いた雰囲気のアパートだったのですが、引っ越してきた初日、私はビッキーにいきおいよく吠えられ、小さな悲鳴を上げました。

そのことを覚えていた大家さんは、毎日、私が会社から帰ってくるたびに、犬小屋から出てきたビッキーが私のところにこないよう押さえてくれるようになりました。

ビッキーはよく吠えていました。散歩に連れていってほしいとき、救急車が通るとき、猫やカラスが近くにやってきたとき、住人が帰ってきたとき、おなかが空いたとき、なにがあってもよく吠えました。

ビッキーにはビッキーの事情があってなにかを訴えていたのでしょう。

私はそれほど気にしていなかったのですが、大家さんは、私のことを気にかけて、会うたびに「犬がうるさくて、ごめんねえ」と謝っていました。


ある日曜日、特に予定がなく部屋でダラダラと過ごしていたら、庭から〝ワフワフ〟という声が聞こえてきました。

窓の外をのぞくと、ビッキーと大家さん。

大家さんはビッキーが吠えるタイミングを見計らって、すかさずビッキーの口を押さえて、「めえ!」と叱りました。

そしてそのあと、やさしい声で「よーし、いいこいいこ」とほめました。

ビッキーの口から手を放したら、ビッキーはまた吠えたので、またすぐに口を押さえて「めえ!」と叱りました。

そして静かになったら、また「よーしよーし」とやさしくほめました。

そんなやり取りを何回かくり返しているうちに、〝ワンワン〟がまた〝ワフワフ〟に変わりました。

ビッキーはまっすぐな目で、大家さんのことを見つめていました。

「いいこにしてますね」

私の声に気づいた大家さんは、うれしそうな笑顔で言いました。

「しつけ教室で教わってきたのよ。これで静かになるはずだからねえ」

大家さんは一生懸命、ビッキーの無駄吠えをなくすトレーニングをしてくれていたのです。

もちろん私のためだけではないにせよ、私はありがたいやら、申し訳ないやら、複雑な気持ちになりました。
2、3日もすると、ビッキーの無駄吠えはすっかり減りました。
私が会社から帰ってきても、ビッキーはワフッと吠えかけて、ぐっと噛みしめるようになりました。

ほっぺのお肉をぶるっと揺らし、すぐそばにいる大家さんの顔をちらっと見るのです。

「えらいねビッキー」。大家さんがビッキーをなでるので、私も一緒になっていっぱいビッキーをなでました。

でもそれから間もなく、大家さんはアパートからいなくなってしまいました。はじめは旅行かなにかかと思いましたが、1週間ほど経っても音沙汰がなくさすがに心配になってきた頃に、大家さんの妹だという女性がやってきて、大家さんが入院したことを知らせてくれました。具体的な病名を教えてはもらえませんでしたが、かなり重い病気のようで、なかなか退院できないことを知りました。

大家さんのかわりに大家さんの妹さんがアパートの管理をするようになると、またビッキーの無駄吠えがはじまりました。

大家さんの妹さんはアパートの住人への迷惑を気にして「うるさいよ」「しずかに」と叱ってくれましたが、ビッキーが静かになることは一向にありませんでした。

1ヵ月経っても大家さんは戻ってこず、やっぱりビッキーは1日中さみしそうでした。散歩やエサやりなどのお世話は妹さんが欠かさずしていたようですが、ビッキーは外にいるときは吠え続け、犬小屋の中ではずっと前足を噛んでいました。

大家さんがようやく一時帰宅できたのは、突然いなくなってから3ヵ月経った頃でした。

大家さんが戻ってくる日、私は会社を早退して、アパートで大家さんを迎えることにしました。

大家さんの回復を祝いたかったし、ビッキーとの再会を見てみたかったのです。

その一方で、ビッキーのことが少し心配でもありました。

犬の時間は、人間の4倍ほど早く進むと聞いたことがあります。

ビッキーはもしかしたら、大家さんのことを忘れてしまっているかもしれない。

そのときになんでもいいから、なにか声をかけてあげたいと思ったのです。

一時帰宅当日、大家さんは旦那さんの押す車椅子に乗って帰ってきました。

元気そうで、ほっとしました。

ところが愛犬と感動の再会とはいかず、心配していた通り、ビッキーは元の飼い主に気づいてくれません。

犬小屋の中から激しく吠えながら、ビッキーは警戒態勢を取り続けます。

大家さんが何度か「ビッキー、私だよ」と呼びかけましたが、それでもビッキーが気づいてくれる様子はありません。

大家さんは笑いながらも少しさびしそうでした。

私はおろおろしながら、「どうしちゃったんだろう」「久しぶりでびっくりしてるのかなあ」などとあまり意味のないことを言いました。

私たちがその場を動かないので、ビッキーはうなりながら犬小屋からおそるおそる出てきます。

そして、大家さんの足元をかいだそのときです。

「ワフ！」という声を出しました。

歯を食いしばって、ほっぺのお肉をぶるっと揺らしたのです。

吠えるのを我慢するときの、あの顔でした。

私は目にぶわーっと涙がたまるのがわかりました。

うれしくてしっぽをぐるぐる振り回すビッキー。

大家さんは思いっきり抱きしめて、何度も何度もなでていました。

簡単に約束はできないけれど、
一度した約束は守る。

STORY 16

レン

命がけの信頼

犬は、自分が誰と一生いきるべきかを選びます。

それは教えられたことではなく、本能に組み込まれた習性ともいえます。

自分の一生をかけて、生きるも死ぬも共にしようと考えるぐらいですから、その選び方は慎重です。飼い主となった人がどのくらい自分を愛しているか、どのくらい自分を守ってくれるかを真剣に探ります。通常は1年ぐらいですが、中には3年ぐらいかけて慎重に選ぶ犬もいます。

たとえば犬がシャンプーのときに少し暴れたとします。そのとき手をやいた飼い主さんがシャンプーを投げだし、安易にトリミングサロンにまかせたりすれば、「わが家の飼い主は、わが子の清潔さを自分では守れない」と判定します。

また、ある日とつぜん体調を壊してもいないのに、いつも食べているドッグフードに口をつけないとします。そのとき心配した飼い主さんが冷蔵庫から、おいしい肉系のおやつをくれたりすれば、「わが家の飼い主は、ちょっとわがままを言えば、あわてて美味しいものを差し出す部下」と判定します。

嫌がってみたり、暴れてみたり、噛んでみたり。

そんな風にしながら、そのときの飼い主のリアクションを見て、この人は本当に自分を守る力と愛があるのかを判定します。

判定はシビアです。でもこの試験に合格し、自分の信頼できる人だと認めれば、犬はもう迷うことはありません。

自分の信頼できる人を選んだら、犬はよそ見をしません。他の犬や他の人、他の群れはもはや関係ないのです。

飼い主さんが「待っててね」と言えば、きっと死ぬまで待つでしょう。犬にとっては〝命を危険にさらす行為〟よりも、〝信頼を裏切る行為〟の方ができないことなのです。

私たち人間にはなかなかできないことです。もしやろうとすれば大変な勇気が必要です。しかし、犬はいとも簡単に、たとえどんな犬でも、命をかけて人を信頼することができるのです。

君を待つ犬

——年齢不詳の雑種（♂）を世話した　14歳女子より

両親が離婚して、都会から地方に転校することになりましたが、引っ越した先で私はなかなか友だちを作れずにいました。

登校するときも、体育館に移動するときも、給食を食べるときもいつも一人。さびしくなかったと言えば嘘になるのですが、「私だって、こんな田舎の子と仲良くなりたくない」と思うことで、なんとか心のバランスを取っていました。きっとそういう格好つけた雰囲気が、クラスの子たちにも伝わっていたのだと思います。学校にいても家にいても本を読んだり日記を書いている時間が多く、お母さん以外の誰とも話さないような日が続いていていました。

ある日、学校から帰ってきたら、同じ団地に住む男の子から突然「頼みがあるんだけど」と声をかけられました。

彼はひとつ下の学年でヒデ君といい、どういう子かよく知らなかったのですが、声が小さくて、表情も暗くて、わりと目立たない感じの男の子だったと思います。

でも私は久しぶりに人から声をかけられてうれしかったのか、なにを頼まれるのか好奇心が働いたのか、特にあやしむこともなく彼のあとについていきました。

しばらくあとをついていくと、ヒデ君は近所の裏山に入っていきました。しばらく山をのぼり、途中で草をかき分けていくと、ちょっとした広場に出ました。スノコで作った木箱のようなものが置いてあり、そのそばにはムク犬がねそべっています。

荷造り用のひもでつながれたムク犬はおとなしかったですが、全身泥だらけで、表情のよくわからない犬でした。ムク犬をつないだ木の枝には、野球のボールがぶら下がっていて、ここをヒデ君が遊び場にしていることはひと目でわかりました。

「レン」。ヒデ君が名前を呼ぶと、ムク犬はゆっくりと起き上がり、なにかを期待しているような目でこちらを見ます。

「こんなところで飼ってるの?」。私が心配になって聞くと、ヒデ君は「そうなんだ。

レンを飼うの、一緒に手伝ってくれない？」と言いながらビニール袋から給食の残飯をつかんで出してエサ皿に入れます。ごはんや煮物や焼き魚のかけらがまじったものを、ムク犬はおいしそうに食べました。

「こんなところで犬を飼っちゃダメじゃないの？」

するとヒデ君は「でも団地じゃ飼えないから」と変な言い訳をしました。

「放してあげたほうがいいんじゃない？」と言えば「そんなことしたら、かわいそうでしょ」と言い返してきます。話がまるで噛み合いませんでした。

なんにしても私は犬なんて飼ったことがなかったし、裏山で犬を飼うなんてきっといけないことだと思ったので、彼からのお願いは断ることにしました。

ところが〝レン〟のことが気になって翌朝早く目が覚めてしまい、私は学校に行く前に昨晩おうちで食べたおでんの残りをプラスチック容器に入れ、裏山に行きました。

昨日と同じ場所にやってくると、レンは木につながれたままでいます。

レンは私がくると少し警戒した様子でしたが、持っていったおでんを足元に置いてあげると、あっという間に平らげました。

食べたらそれだけで満足したのか、レンは私のことをちらりとも見ずに寝てしまいました。

私はそれから毎日レンの様子を見に行くようになります。

友だちのいなかった私は朝も、放課後も暇でしたから、レンとはずいぶん長い時間を過ごしたと思います。

行くたびになにか食べ物をあげましたし、話しかけて、あごや体をなでてあげたりもしました。

でもなぜかヒデ君と会うことはなく、感謝されることはありませんでした。

そして不思議なことに、レンも全然私になつきませんでした。

1ヵ月ほどしてから、ヒデ君の一家はすでに引っ越していることを知ります。

引っ越したことを知った翌日、私はキッチンばさみを持って裏山に行き、レンをつないでいた紐を切りました。

「もう自由だよ。好きなところへ行きな」

私は寂しいような、すっきりとしたような気持ちを抱えたままその場を離れたのです。

ところが、振り返ると、まだレンは同じ場所で座っています。

「早くどこか行きな」と呼びかけましたが、レンはまたその場にどてっと横たわり、そのまま動かなくなりました。

そのうちどこかにいなくなるだろうと思って、あくる日様子を見に行ったら、レンはまだその場で寝転んでいました。

もうすでに自分自身を縛りつけている紐がないことなんて、まるで気にしていないような様子でした。

もしかしたら、まだ私から食べ物をもらえることを期待してしまっているのかもしれない。

そう思って、もう会いに行くのをやめようと決心しました。

梅雨で雨が降り続けて、さらに3日が経ちました。

さすがにもういないだろうと思って裏山に行くと、落ち葉の山のような物体がありました。それがレンでした。

レンは雨に打たれながら、腹ばいになっていました。さすがに弱っているような感じでしたので、持っていたスナック菓子をあげましたが、レンはそれを少しだけ食べるとそっぽを向いて寝ました。

「もう行きなよ、どっか行ってよ」。私は半泣きになって、レンの背中をぐいぐい押しましたが、いくら押してもレンはその場を離れようとしません。

「なんで行かないの？」と言いながら、私にはわかっていました。

レンはずっとヒデ君の帰りを待っているのです。

もしかしたらヒデ君も、引っ越しすることが決まった時に、レンを山に解き放とうとしたのかもしれません。

でもどこにも行こうとしないから、仕方なく、私に託そうとしたとも考えられました。

今となっては、真実はわかりません。私はいたたまれない気持ちのまま、その場を去りました。もう今度こそ、裏山にくるのはよそうと思いました。

裏山に行かなくなって間もなく、私はクラスになじむことができました。

クラスメイトの輪に向かって、勇気を出して「私も入れて」と言ったら、あっさり受け入れてもらえたのです。あっけないものでした。

そして一度、クラスに溶け込むことができたら、今まで孤独を感じていたのはなんだったのかと思うくらい、みんなとものすごく仲良くなりました。海へ、町へ、友だちの家へと出かけて、毎日声が枯れるほどはしゃぎました。

いつの日かたまたま、友だちみんなと裏山に遊びに行ったことがあります。ただそのときはもう、レンの姿はありませんでした。

スノコでできた犬小屋の近くには、ボロボロになった野球のボールだけが落ちていました。

たとえ明日死ぬとしても、
今日幸せになることはできる。

STORY
17

ハナ

犬と痛み

犬は本質的に「痛みには強い動物」だといわれています。

人と比べて20倍ぐらい強いと言う学者も実際います。

自然界の中で獲物を追い、走り続けるために、痛みを感じにくい体を手に入れたのかもしれません。

しかしまったく痛みを感じないわけではなく、やはり痛いときは痛いのです。

特に犬は外傷ではなく、内臓の不調からくる痛みについては神経質になります。

犬は病気の勉強はしませんから、自分のおなかが痛いとしても、それが病気の兆候だとはわからないのです。

敵に襲われ、傷を負えば（痛いのは当然だ）と自覚できますが、内臓が痛いのは犬にとっては〝見えない敵に襲われている〟ということになります。痛みだけでなく、見えない敵からの恐怖も味わっているのです。

現在の医学によって痛みそのものは多少抑えられます。しかし、見えない敵からの恐怖は薬では抑えられません。

そんなとき、唯一の救いとなるのが、〝一番大事な人に抱かれること〟。自分が信頼し、ともに生きてきた人に強く抱かれることで、痛みからくる見えない敵への恐怖が緩和されます。〝抱く〟という行為は、可愛がるという愛情表現だけでなく、相手に勇気を与える原動力にもなるのです。

大きな地震などを経験し、怖い思いをした犬は、その後の余震に対しても弱くなり、たとえそれが小さな揺れだとしても、体が痙攣し、震えがとまらない症状が出たりします。そんなときの治療方法として有効なのも、やはり〝抱きしめる〟という行為です。

犬の心の痛みを抑えられるのは、最愛の飼い主の腕の中だけなのかもしれません。

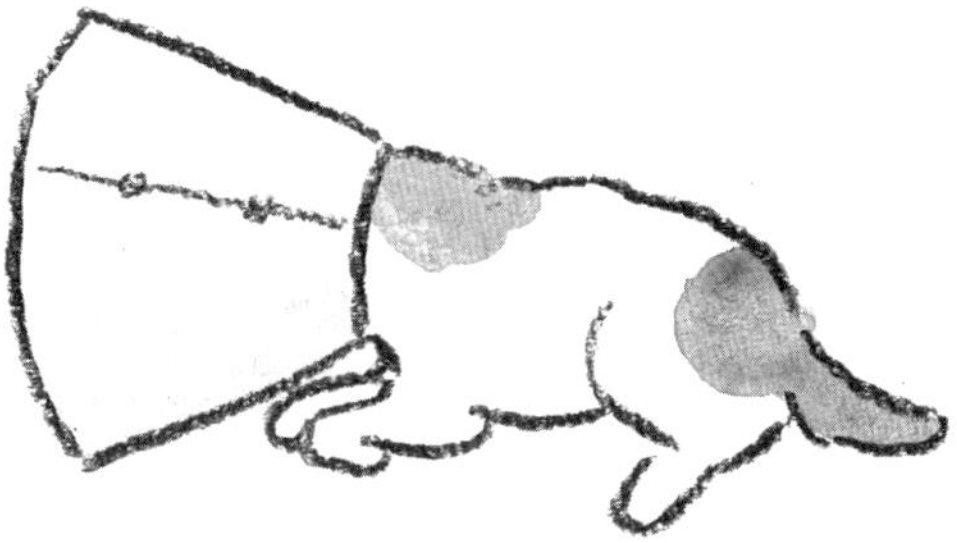

言えなかった気持ち

――14歳のヨークシャテリア（♂）を看護した　42歳女性より

体育会系の上下関係の中で育ったせいでしょうか。

同じ動物病院につとめる後輩たちに対して、私は少し厳しい態度をとりすぎているようでした。

指示をしたり、注意をしたり、教えたりするときの言い方がきついのでしょう。

壁の薄い休憩室から時々、そういった私への非難や、心ない私の口真似が聞こえてきました。当人の耳に入ってくるくらいなのですから、実際の陰口はもっと多いのかもしれません。悪口の中にはいくつか誤解もありました。私は40を過ぎて独身ですが、婚約中の後輩を妬んだことはありませんし、女性スタッフを支配したいという気持ちもありません。

でもそんな風に思われても、仕方ないと思うことがあります。

私は完璧主義で、責任感が強すぎるからです。

後輩には教えることはできても、任せることができず、つい口をはさんでしまいます。急ぎのことであれば、自分でやった方が早いのでつい自分でやってしまいます。そんな自分が時々嫌になります。

でもひとたび診療室に入ると、自分でもおかしいと思うくらい、後輩のささいなミスや、気の緩みが許せなくなってしまうのです。

ふと、ヨークシャテリアのハナちゃんのことを思い出しました。

ハナちゃんは、60代くらいの女性にいつもピンク色のキャリーバッグで運ばれてくる子です。

この病院に連れてこられたとき、ハナちゃんは肝不全からくる脱水症状を起こしていて、キャリーバッグの中で体を細かく痙攣させ、ヨダレをたらしながら、息絶えようとしていました。

一命をとりとめた後も、しばらく注意が必要でしたが、意識を取り戻したハナちゃんが、私に対して唸りながら威嚇してきたときは心底ほっとしました。

犬にとって私たちのような動物看護士は、体を押さえつけ、痛いことをする怖い存在なのです。警戒するということは、ちゃんと回復している証拠です。

ところが唸るハナちゃんに対して、ふざけて「きゃあこわい」などと言って笑った後輩が許せなくて、「こわいなら出て行け」とまたきついことを言ってしまいました。

おまけにハナちゃんの飼い主さんに対しても、

「どうしてこんなにひどくなるまで放っておいたんですか？　犬は自分から『痛い』とか『苦しい』とか言えないんですよ。ちゃんと見てあげていましたか？　なにも言えないワンちゃんのかわりに、わかってあげるのは飼い主さんの義務なんですよ」

そんな厳しいことを言ってしまいました。

結果、ハナちゃんの飼い主さんに「本当にそうですね」と何度も頭を下げさせてしまい、私は心中、言いすぎてしまったと後悔しました。

その間ハナちゃんはウー、ウーと私に向かって唸り続けていました。

私は特にそうだと思いますが、動物看護士はペットだけではなく、飼い主さんからも嫌われやすい存在です。

適切な治療をしようとすれば、噛まれたり、引っかかれたり、吠えられたりすることは日常茶飯事なのですが、自分の愛するペットがかつて見たこともないほど怒っている様子などを見て、飼い主さんにとっては動物看護士が乱暴な存在に見えることがあるようです。

あるときも治療中の犬に腕を噛まれたのですが、そのことを飼い主さんに伝えると、「○○ちゃんは人を噛んだりしたことないのよ。あなた、一体どんなひどいことをしたの。正直に言いなさい」と詰め寄られたこともあります。そのたびに表面上は謝りますが、私は正しい処置をしているつもりなので心から反省したことはありません。

ハナちゃんの通院は数ヵ月続き、ある日、獣医の先生から「残念ながらハナちゃんの命はもう長くないですね」と伝えられました。

それを聞いた飼い主さんは黙っていました。

私も黙ってハナちゃんに注射を打ちました。ハナちゃんは注射をするといつも嫌がっていましたが、この日はほとんど抵抗することもできませんでした。

苦しそうに横たわったまま牙をむくハナちゃんに注射を終えると、飼い主さんは帰りがけに「ハナになにがしてやれますか?」と私に声をかけてきました。

私はしばらく考えた後「たくさんハナちゃんの好きな所に行ってあげてください。それからできるだけ長く一緒にいてあげてください。犬は飼い主さんの悲しみに敏感ですから、できるだけ明るく振る舞ってあげてください」と言いました。

飼い主さんは黙ってうなずくと、寂しそうな笑顔を残して帰っていきました。


その日はハナちゃんと入れ違いで、ケガをした大型犬が運び込まれてきました。

私はすぐに治療の助手に入って、いつものように体を〝保定〟しようとしたとき、大きな犬は突然暴れ出し、私は両手を噛まれ血が飛びました。痛い！　という言葉をぐっとのみ込んで必死に作業を続けようとしましたが、血はなかなか止まってくれず、犬の長い毛はみるみる赤く染まります。私も手に力が入らず、全身で押さえつけるような格好になりましたが、いつまでも血が止まってくれないので、私は別の動物看護士と交代させられました。

「うちの子をなんであんなに暴れさせたの？　あの看護士さんが乱暴したんじゃないの？」

「落ち着いてください。ワンちゃんはケガをして興奮状態なんです」

「ひどいことをしたんでしょう。さっきの看護士を呼んで事情を説明させなさいよ」

そんなやり取りを隣室で聞きながら、私は自分の血でどんどん赤く染まっていくガーゼを見つめていました。

結局、両手合わせて12針も縫うことになりました。

ケガ自体は2週間ほどで仕事に支障をきたさない程度までは回復しましたが、なぜか体が仕事に向かおうとせず、私はもう少しお休みをいただきました。

休んでいる間に、自分が中学生だった頃のことを思い出しました。

私はしゃがみこんでいました。車にはねられた野良犬が、道路脇の草むらで息も絶え絶えになっているのを見つけたのです。

あのときは、どうしていいかわからず、私はただ悲しい気持ちを抱えたまま、その子が息をしなくなるまでその場にしゃがんでいました。

野良犬は最後までがんばっていました。もうがんばらなくていいのに、がんばって生きようともがいていました。

そのとき、私は動物の看護士さんになろうと思ったのです。

でも簡単ではありませんでした。

動物の命を助けるのはとても難しいことですし、飼い主さんの気持ちの支えになるのも難しいことです。

助けることができて良かったという思い出より、つらい結果の方が記憶に深く刻まれています。

私にこの仕事は耐えられないのかもしれないと思いました。

私は誰にも負けないくらい、犬のことが好きだからです。

犬に嫌われたくなんかないんです。


ケガをしてから1ヵ月後、私は動物病院に戻ってきました。

ふだんから周囲に厳しくしておきながら、職場でトラブルを起こした上に、長期間休んでいたので、気まずい思いをしました。

そんな日に、動物病院を訪れた年配の女性が私に会釈をしてきたのです。

その女性がピンクのキャリーバッグを持っていないのを見て、私はハナちゃんがこの世を去ったことを知りました。

私が休みに入ってから、ハナちゃんが病院を訪れたのは1回きりだったそうです。

そのときはもう、ハナちゃんには治療の必要がなくなっていました。

ここは病院ですから、治す必要がなくなってしまったら、訪れる必要のない場所です。今までそういう別れを何度も経験してきました。そして何度経験しても、慣れないものです。

ハナちゃんの飼い主さんは、「あなたに会いたくて」と私に小さなフォトアルバムをくれました。

フォトアルバムを開いてみると、真っ赤な紅葉を背景に、飼い主さんとぎゅっと頬を寄せ合うハナちゃんの顔がありました。落ち葉の中を歩くハナちゃんの後ろ姿や、飼い主さんのひざの上にあごをのせるハナちゃんの顔のアップもありました。

「これ、ハナが亡くなる2日前の写真なんですよ。幸せそうでしょう?」

やせ細ってはいるけど、すごく楽しそうな雰囲気は写真からも伝わってきました。

「最後の夜は、自分からキャリーバッグの中に入ったんですよ。あの子きっと、あなたなら楽にしてくれるってわかっていたのね。会えなくて残念だったけれど」

私は飼い主さんの顔を見ました。

飼い主さんの目は、涙でいっぱいでした。

「いつかあなた言ったでしょ？　犬は『痛い』とか『苦しい』とか伝えられないから、飼い主がちゃんとわかってあげないといけないって」

「はい」私は小さくうなずきました。

「その節はたいへん失礼なことを申し上げてしまい……」

すると飼い主さんは、私の手を握って言いました。


「だから今日は、ハナにかわってあなたに『ありがとう』を伝えにきたの」


気がつくと、私も泣いていました。

泣きはじめたら、ぜんぜん止まらなくなってしまいました。

フォトアルバムを抱えたまま、私はしばらくの間泣いていました。

嘘のない愛をくれたら、
本人が忘れたとしても、そのことは終生忘れない。

STORY

18

ハル

捨てられない犬

ここ数年で、飼い主に捨てられ処分される犬の数は激減しています。十数年前までは、国内で20万頭をこえていた処分数も、最近では1万5000頭程度に減りました。

今まで処分をしていた施設が方針転換しているという理由もありますが、「いらない」と捨てにくる人は減っています。

とはいえ、まだ1万頭を超える犬が捨てられているのも事実です。いったいどんな犬が捨てられているのでしょうか。家族を噛む犬、家族に飛びつき、ひっぱり倒し、散歩にも行けない犬、朝から夜までうるさく吠え続け、近所迷惑になっている犬、などでしょうか。でも噛んでも、飛びついても、吠えても、捨てられずに大事に飼われている犬もいます。

ただひとつはっきりしているのは、犬を捨てる人の中に〝犬嫌い〟はいないということです。

犬が嫌いな人は最初から犬を飼いません。

捨てにくる人も、私たちと同じように犬が好きです。犬とすてきな生活を夢見ていた人です。

大好きな犬を飼いはじめ、一緒に暮らしているうちに少しずつ歯車が狂いはじめ、いつの間にか犬との心の距離が、取り返しのつかないほど離れてしまった、というだけなのです。

ですから飼い主と犬の心の距離が離れはじめたとき、そばにいる家族の誰か、あるいは友だちが、飼い主と犬の心の変化に気づき、その距離を埋めるお手伝いをしてあげたら、飼い主は追い詰められることなく、犬を捨てる必要もなくなります。

もうひとつ、はっきりしているのは、思い出の多い犬は捨てられないということです。

犬と旅行をしたり、実家に帰ったり、近所の犬仲間と遊んだり、なんでもいいから思い出を作ることです。決して美しい思い出である必要はありません。恥ずかしいことや、みんなに笑われるような、失敗した思い出でもいいのです。

一緒に過ごした思い出がたくさんある犬は絶対に捨てられません。

思い出の多い犬を捨てるということは、飼い主自身の生きてきた時間も失うような気がするからでしょう。

犬は思い出づくりの天才です。

それも自分が絶対捨てられない犬になり、短い一生を飼い主さんとともに生き抜くための、彼らなりの知恵なのかもしれません。

思い出のソファ

——5歳のスピッツ（♀）の話を聞いた　28歳女性より

私がリサイクルショップでバイトをしていたときの話です。

店の前に黒光りする車が停まって、中からいかつい感じの男性が出てきました。

男性は車からソファを引っ張り出すと、断りもなく店先に置いて「引き取れる?」と聞いてきました。

私は男性の雰囲気におびえつつ、無造作に置かれたソファを〝いちおう〟点検しました。

というのも、ソファはどこからどう見ても、とんでもなくボロボロだったのです。あっちこっち穴が開いているし、割けてクッションの中身が飛び出している部分もあったし、なにより全体的にちょっと臭いました。

大きい家具は買い手がつきにくい割に、店内の限られたスペースを占領してしまいます。だから通常は人気ブランドのものか、よほど状態が良くない限り買い取ることはしませんでした。

そんなわけで私が勇気を出して「厳しいですね」と言うと、男性は「だよね」と苦笑いして「それ、犬がやったんだよ」という話をはじめました。

お店が暇だったので、私は男性の話を聞きました。

最近まで「ハル」という名前のスピッツを飼っていたのだそうです。

男性はペット禁止のアパートで隠れて5年ほど飼っていました。ところが一緒に住んでいた彼女と別れることになり、彼女がペット飼育可の広いマンションに引っ越すからと、ハルを連れて出ていったのです。

私が「さびしいですね」と同情すると、男性は「いなくなってせいせいした」と即答しました。

ハルは彼女にはなついていたけれど、男性にはなついてくれなくて、彼の言うことをまったく聞きませんでした。いくらダメだと叱っても、ハルはソファを引っかき続け、ソファの足をかじり続け、ソファの上にオシッコをくり返したのだそうです。

「本当にいなくなってせいせいした」

と男性があまりにも感慨深そうに言うので、きっとワンちゃんのことを気にせずソファを買えるようになったのがうれしいのだろうと、早速、店内に置いてあったネイビーのソファをおすすめしてみると、男性は「うーん、いいね！」と親指を立てました。あきらかに気に入った様子でした。

ところが、ふと「でもこれだけ色が濃いと、抜け毛が目立たないかな……」とつぶやいたので、私が「あれ？　またペットを飼うのですか？」と聞くと、男性はとっさに「あ、いや、もうそんな心配しなくていいのか」と言い、さびしそうに笑いました。


結局、ソファは有料で引き取ることにしました。

引き取ったボロボロのソファは、ノーブランドで、合成皮革のローソファでした。

ノーブランドなのは、あまり神経質にならず、犬と一緒にリラックスして座りたいと希望していたのかもしれません。

布や革ではなく合成皮革のソファを選んだのは、汚れや破れに対する強さを優先したのかもしれません。

ひじ掛け無しの座面が低いソファを選んだのは、犬が飛び乗ったり、飛び降りたりしたときに、足に負担をかけないようにと配慮したのかもしれません。

どう考えても犬仕様のソファだよなあと思いながら、なにげなくソファのクッションを外してみると座面の下からなにか出てきました。

それはぺったんこになった男性用のスリッパでした。

よく見ると、犬の噛み跡のようなものがついていました。


犬は自分にとって大切な物を隠すと聞いたことがあります。

スリッパを一生懸命隠そうとしている姿を想像したら、ハルがあの男性客のことを嫌いだったとはとても思えませんでした。

「いなくなってせいせいしたよ」

男性客のぶっきらぼうな言葉の中には、やっぱりどこか愛情がこもっていたような気

がします。
その日、私はなんとなくソファを片づける気にはなれず、店先に置いたまましばらくながめていました。

ときどき思い出してもらえるように、
少しずつ爪あとを残していきたい。

STORY

19

マーク

犬と生きる

最近では〝愛玩犬〟のことを、〝コンパニオンドッグ（略してCD）〟と呼ぶようになりました。

コンパニオンドッグとは、猟犬や牧羊犬とは違い、仕事をさせる犬ではなく、一般家庭で普通に暮らしている犬たちの総称です。

英語ですからもちろん欧米から生まれた言葉なのですが、コンパニオンドッグの意味は、はじめ日本と欧米とでは少しニュアンスが違いました。

その違いは人と犬との関わり合い方の、歴史的な違いによるものでしょう。

大昔から森に入り猟を主とした欧米人にとって、犬は良きパートナーであったと思われます。つまり、共通する目的のために、共同で仕事をする存在でした。

一方で日本にも猟師はいましたが、圧倒的に農業従事者が多かったため、多くの人にとって一日の主な活動場所は畑や田んぼでした。

平地における農作業では、犬が活躍する場があまりありません。番犬と呼ばれ、防犯に一役かっていた時代もあります。でもそれは〝パートナー〟と呼べるほどの仕事ではありませんでした。

現在の日本における犬の地位は、おおむね〝ファミリー〟です。

〝パートナー〟と〝ファミリー〟には差があります。

〝パートナー〟として飼われている犬は、人間とともに働き、ともに価値を決め合うので優秀であれば持てはやされますし、頼られます。

その一方で、役に立たない〝パートナー〟は、生活のお荷物となるので蔑まれ、相手にされなくなります。

ところが〝ファミリー〟として迎えられた犬は違います。

昔のことわざで「できの悪い子ほど可愛い」などといわれたように、〝ファミリー〟は仕事がうまくいかなくても、飼い主の役に立たなくても、その価値はまったく変わりません。

仕事を失敗したから、命令を遂行できなかったからといって、蔑まれることもありません。

よく「日本の犬事情は欧米と比べてとても遅れている」といわれます。

たしかに、欧米は古くから犬と〝パートナー〟として生活してきた関係から、社会構造や犬をめぐるシステムや行政といった面では進んでいます。

ただ動物愛護という面で見れば、〝ファミリー〟として迎えている日本の心は決して欧米には劣っていないと思います。

良い仕事をしなくとも、生活をともにしてくれる。

一生、大切にしてくれる。

そういう意味では、日本の犬はとても幸せなのかもしれません。

唯一無二の相棒

――11歳の雑種（♂）を飼っていた　72歳男性より

昭和45年12月24日、雪明かりのクリスマスイブの夜。私と妻は、当時住んでいた青森県の、小さな集落に1店舗だけの洋菓子店で大きなケーキを買いました。それを手土産に、これから猟犬を貰いにいくのです。

電力会社の社員だった私は、妻子とともに山、沢に囲まれた雪深い田舎の出張所で暮らしながら、ハンターになりました。ハンターと聞くと身構える方もいらっしゃいますが、田舎では里と害獣の距離が近く、ハンターと猟友会は古来、当たり前の存在でした。そして猟犬は、GPSも携帯もない時代の大切な伝令であり、獲物を見つけるセンサーであり、狩りの重要なパートナーです。

いい猟犬とは当時一般には柴犬。その柴犬が生まれると聞いていました。それも端正な顔立ちの黒柴が父犬だと。まだ素人ハンターの私が、念願の猟犬を迎えにいくのです。胸躍らせながら雪煙を巻き上げて車を走らせ、いざ対面したその子犬は、期待していた柴犬とはかけ離れた容姿でした。

差し出された子犬はくるくる巻き毛にやや情けない顔をした雑種の洋犬。哀れ黒柴は、母犬に恋をした隣町のテリアに出し抜かれたのです。黒柴よりがっかりする私をよそに、子犬は妻の腕でスヤスヤ眠っています。大きくなったら黒柴になってはくれまいか、とあらぬ妄想をしながらの家路。今思えば、その子犬は人生で最高のクリスマスプレゼントだったのですが。

案の定、仲間の猟師が「おい電気屋、そのみっだくねぇ犬、捨てろじゃぁ！（津軽弁訳：そのみっともない犬、捨ててしまえ！）」と笑います。いつか黒柴になるという妄想を捨てきれない私は、それでも雑誌「狩猟界」に載る名犬に憧れ、獲物をしっかりマークするよう「マーク」と名付けました。

しつけは最初が肝心と、毎日鬼の形相でお手を教えても、彼は頑として覚えません。とんだ駄犬だ、隣町のテリアめ。にやけた口元に目が隠れるほど伸びる巻き毛。トリマーなどいないのです。山に連れて行けば、植物のツルに巻き毛を引っ掛けてクンクン泣くので、仕方なく抱っこ。犬を抱いて猟をするハンターなど格好悪くて泣けてきます。

しかしある朝、優しくご飯をくれる妻にあっさりお手をするマークを、柱の陰から見てしまいました。私を振り返った妻の勝ち誇った笑顔は忘れられません。

子犬ながらマークは私の気負いを見破り、過剰な厳しさに反抗していたのです。そこでいくばくかの敬意を持って接すると、彼は猟犬の才覚を見せ始めました。枝分かれした獣道では都度私を振り返り「どっちに行くの?」と指示を仰ぎます。「右!」と方向を指差せば、さっと間違わず進みます。決して叩いたり、叱ったりせずともコミュニケーションが取れる犬なのです。どん! と大きな銃声を初めて聞いたときもまったく怯えませんでした。知人の血統書付きセッターが初めて銃声を聞いたときは、自宅まで逃げ帰ったのに。

そういえば県境に住むマタギのおやじだけは、彼の足をしげしげと見て「電気屋、これは蹴爪のあるいい犬だ。崖のシシや、熊狩りにいい」と予言しました。

その予言が的中したのはマークが3歳のとき。山の中で、セッター、ポインター、ブリタニーを連れた都会のリッチなハンターたち（以下ブルジョワ）と一緒になりました。ヤマドリの「匂い」を嗅ぎつけた名犬たちはそれぞれ狂ったように動きまわり、われ先にと獲物の探索を開始。鼻を地面につけたまますごいスピードで進む様はやはり名犬、圧倒的華やかさ。一方私は雑種連れ。

しかし先は険しい岩壁の崖になり、皆「これまでか」とあきらめ、名犬たちも下山にかかったそのとき。崖の斜面からヤマドリが3羽、バタバタと飛び立ちました。帰り支度のブルジョワたちは撃てず、私は辛うじて撃ったものの、外れ。

「ヤマドリを出したのはどの犬だ?」「誰の犬だ?」皆が口々に叫ぶ中、「今のちゃんと獲ったか?」という顔で崖を下りてきたのはマーク1頭だけでした。

足の強さに加え、彼には周りの犬が去っても自ら考えて残り、好機をうかがう賢さがありました。

ブルジョワの1人が「いい犬ですなぁ」とマークを撫でたとき、なんとも優越感を覚えながら、自分の中の血統書コンプレックスにどきりとしました。学歴や経歴なんてものは上を見ればきりがないが、目の前の彼はいい仕事をするのです。それでいいじゃないか。

その後マークは多くの獲物を捕ったので、みっだくねぇと言う人はもう誰も居ませんでした。街の写真館のおやじが大猟のマークにあやかろうと、自分の猟犬にマークの柄に似せたチョッキを縫って着せてやったことや、家族を蛇や獣から守ったこと。子どもたちのよき兄弟であったことは、また別の話です。

対等に付き合いたいから、
役に立とうとがんばる。

STORY

20

コタロー

本当の呼び戻し

犬に教えておきたいことはいろいろありますが、中でも「呼び戻し」はとても大事です。「呼んだら来る」ことができれば、迷惑だと思われる行為や、交通事故などの大きな事故も避けられます。

「呼んだら来る」というのは、当たり前で、簡単なことに思えます。

でも犬が楽しく遊んでいたり、関心のあるものがそばにあったり、どうしても嗅ぎたい匂いがしているときでも、「呼んだら来る」でしょうか？

いくら大好きな飼い主さんに名前を呼ばれても、犬はすぐに戻ってこられないこともあるのです。

実際、ドッグランで観察していても、飼い主さんがひと声呼んだだけで、まっすぐ飼い主の所に戻る犬をあまり見かけません。

この原因はなんなのでしょうか。

大きく2つ考えられます。

1つ目の原因は、子犬のころに「来い！」と呼びつけた後、叱った経験がある場合です。

イタズラをしている愛犬を発見して、思わず怖い顔をしながら「来い！」と叱り、呼ばれて恐る恐る近づいてきた犬を、さらに「イケナイ！」などと叱れば、犬は飼い主さんに呼ばれたときは叱られるときだと学習してしまう可能性があります。

犬に呼び戻しを教えるためには、「呼んだら必ずほめる」と自覚することです。さらに言えば、「呼んだ以上は、なにがあってもほめる」と心で誓っておくといいでしょう。

2つ目の原因は、「オイデ」の教え方にあります。

たいていの人は子犬に「オイデ」を教えるときに、手を叩いたり、オモチャを見せたり、時にはおいしそうなオヤツを見せたりして呼ぼうとします。そして近寄ってきたら、喜んでたくさんほめます。

この教え方は一見、大成功のように思えますが後々、失敗であることに気づかされるでしょう。

なぜなら飼い主さんが「オイデ」と声を発したあと、手を叩くのはただ単純に〝音に興味を持たせた〟ことになるからです。

おもちゃやオヤツで釣るのも、ただ犬の興味のあるもので誘導したにすぎません。

興味があるものに対しては、「オイデ」と声にださなくても寄ってくるのです。ということは「オイデ」の意味は教えていないことになります。興味だけで寄ってきていた犬は、手を叩くよりも、面白そうな音がした方に向かいます。いつものおもちゃよりも、新鮮で楽しそうなおもちゃを見ればそちらに行ってしまいます。オヤツも同じです。オヤツで釣っていると、オヤツがなければこないようになります。もちろん、そのオヤツよりおいしそうなものが近くにあれば戻ってはきません。


もし「オイデ」を教えたいのであればこうします。

「オイデ」と声をかけた後、1秒でも早くリードを引き寄せます。

そしてそばに引き寄せてから、思いっきりほめます。ごほうびはいりません。

これをくり返しているだけで、「オイデ」という言葉は、興味のある音や匂いがするところに行くのではなく、飼い主さんの隣に行くことなんだと教えられます。
　そして行けば飼い主さんがよろこび、たくさんほめてくれるということを学習します。

やさしい嘘

――1歳の甲斐犬（♂）を飼う　14歳女子より

「コタロー逃げた！」。近所のおばさんが叫ぶ。

「あいつまた！」とお父さんが勢いよく追いかける。

中華料理屋を営むわが家の朝に、よく見られる光景だった。

元気いっぱい、店の裏庭で飼っているオスの甲斐犬コタローはリードを噛みちぎるのが好きで困っていた。

今までダメにしたリードの数は3本。

スーパーなどに用事があって、外にちょっとつないだだけでも、噛みちぎって逃げてしまう。あっという間の出来事なので、叱ってやめさせることもできない。

うちにやってきたとき、コタローはまるでぬいぐるみのようにころころしてかわいかった。

だからコタローが1歳になる誕生日に、私と妹は一緒に貯金を出し合って、コタローによく似合う、赤くてかわいい革のリードを買ってあげたんだ。

少し細いおしゃれなリードは、コタローのこげ茶の体によく似合った。

だけどその翌日、外につないでおいたら、コタローの姿が消えていて、途中でちぎれた赤いリードだけが庭に残されていた。

妹は「うちのことが嫌いになったのかな?」と言って大泣き。それがコタローがはじめて逃げ出した日のことだった。

コタローは迷子になるわけではなく、しばらくするとお父さんにヘッドロックされるようにして、抱きかかえられて帰ってきたが、その日以来コタローは何度もリードを食いちぎっては脱走するようになった。

お父さんはそのたびに赤いリードを買い替えてくれたが、4度目に食いちぎられたときは、さすがにもっと頑丈なリードに付け替えようということになった。

太い綱のようなリードにつながれたコタロー。

それを見て、妹は「コタローがかわいそう」と言って泣き、お父さんは「かわいそうじゃないよ。細いひもだとコタローが逃げてしまうから」と一生懸命なぐさめたが、コタローのことが大好きな妹は延々と泣き続け、そして妹が泣きやむより早くコタローはまた逃げた。


太い綱のようなリードがきれいに真っ二つにされていた。

その厳しい現実が、お父さんをとうとう本気にさせてしまう。

1時間ほどかけて近所でコタローを確保したお父さんは、そのままペットショップに立ち寄り、過激なパンクバンドが身につけているような鎖を買ってきてコタローの首輪に装着した。

さすがのコタローも鎖ばかりは噛み切ることができないようで、これで一件落着かと思われた。

ところが翌朝、またもや「コタロー逃げてるわよ!」と近所のおばさんの声。店の裏庭はあたり一面に泥が散乱していた。コタローは杭を掘り出して、杭ごと逃げ出したのだ。

もちろん簡単に掘り出せるような杭ではなかったから、コタローは一晩かけて掘り起こしたのだろうと推測した。そんなにしてまで逃げようとする犬の根性に私は正直、怒りを通り越して驚いていた。

疲れきった顔のお父さんに連れ戻されたコタロー。そのコタローに向かって、幼い妹は「なんで逃げるの！　なんで逃げるの！」と激しく怒った。

「うちの家族のことが嫌いになったの？　どっかにいなくなっちゃいたいの？」

怒鳴り続ける妹を、コタローは上目遣いで見ていた。

「ダメだからね！　どこにも行っちゃぜったいダメなんだからね！」

妹がぎゅっと抱きしめると、コタローはくーんと鳴いた。


その日以来、コタローはすっかり脱走しなくなった。

毎朝、庭をのぞいても、コタローは犬小屋の定位置で、お尻を向けて眠っていた。

「気持ちが通じたんだね」とお父さん。

そう言われた妹はまんざらでもなさそうだった。

コタローは本当に散歩のとき以外、ずっと家にいるようになった。

それはいたって普通のことであるはずなんだけど、わが家にとっては奇跡のようなことだった。

それから1ヵ月たっても、コタローは逃げる様子を見せなかった。

「もう鎖は重くてかわいそうだから、ひものリードに戻してあげよう」という話になると、お父さんが新しいリードを持ってきてくれた。

「コタローへのはじめてのプレゼントだから」

そう言いながらお父さんは、私と妹があげたのと同じ、おしゃれな赤い革のリードにまた付け替えてくれた。新しいやつを買っておいてくれたのだ。

久々の軽くて細いリードの匂いを、コタローはくんくん嗅ぐ。「ほら！　これにしてよかったでしょ！」と妹。

聞き慣れたジャラジャラという音が聞こえなくなって、少し物足りなくも感じたけど、やっぱりコタローには赤い革のリードはよく似合った。

そして赤い革のリードに付け替えても、コタローは逃げようとしなくなった。

「本当にあの子の愛情が通じたんだね」

コタローに餌をやっていたとき、私がぽつりと言うと、庭で草をむしっていたお父さんは意味ありげに笑った。

「なにがおかしいの?」

「コタローは思春期だったんだよ。きっともっと刺激が欲しくて、どこか遠くへ行きたかったんだろうね」

思春期?……メスに会いたかったたってこと?

私もこのころ思春期まっさかりだった。いつも刺激を求めていたし、遠くの世界を見たい気持ちが強かった。学校の帰りに男子と路上でおしゃべりして、家に帰るのが遅くなって、親に叱られたこともある。きっとコタローも私と同じだったんだね。

お父さんはコタローの欲求不満を解消するために、散歩の距離を倍以上に延ばして、散歩の回数も増やしてくれていたらしい。

毎朝、お店を開ける前の散歩だから大変なのだけど、それでも「ホームセンターで頑丈なリードとか杭を探し続けるよりは楽」だったんだって。

いまではお母さんとも相談して、コタローのお見合い相手を探しているという。

そう言いながらコタローをなでるお父さんは、なんだか頼もしかった。


コタローの子どもだったら、きっとまたぬいぐるみのようにかわいいだろう。

もし一匹うちにやってきたら、どうしよう。

なんていう名前をつけてあげようかな。

生きる方法よりも、今は
生きる姿を見せてほしい。

犬のほめ方

犬はほめて育てろとよくいわれます。

本を見ても、しつけ教室に行っても「よくほめてください」と書いてあります。実際に犬は飼い主さんからほめられるのが大好きです。犬はほめられることだけが生きがいなのではと思うこともあるほどです。

ただ、そのほめ方には注意が必要です。

飼い主さんに「愛犬をほめてください」と言うと、たいていの飼い主さんは迷うことなく、愛犬の体の決まったポイントを触ります。

もちろん体に触ってあげること自体は間違っていません。

ただ、飼い主さんが思い違いをしていて、実は愛犬にとってあまり嬉しくないポイントを一生懸命撫でている場合があるのです。飼い主さんがほめあげているつもりでも、その手が犬にとって嬉しいポイントをおさえていなければ、犬は「ほめられている」とうまく認識できません。

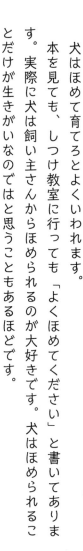

同じ「撫でる」といっても、頭、おでこ、耳、耳の後ろ、首すじ、背中などポイントはいろいろあります。また触り方にも、ゴシゴシと触る、ポンポンと叩く、スーッと撫でおろす、手でグニャグニャとつまむ、など方法はいろいろあります。

どこを、どんな風に触られると喜ぶかは、犬によって個体差があります。愛犬が好きなポイントを、好きな触り方をしてあげたら、同じようにほめたとしても、その効果は倍以上違ってくることでしょう。

では犬が本当に触ってほしいポイントとはどこでしょうか。触ってみたときに、尾っぽを振り回して興奮するようなポイントは、実は犬にとっての〝一番触ってほしいポイント〟ではありません。犬にとっての最高のポイントは、飼い主さんが手で優しく撫でている時に、目を半分閉じて、表情をうっとりとさせるところです。

そのポイントを見つけることさえできたら、もう犬のしつけの8割は成功したも同然でしょう。

あとがき

地球上で人間は最も強い存在です。

自分たちの役に立つ動物、あるいは美味しく食べられる動物をいくらでも増やし、そうではない動物はいくらでも減らすことができます。

最近では地球の環境を守るためには、どんな動物であっても〝役に立たない動物〟はいないことがわかり、絶滅が近いと思われる動物の保護活動などもはじまりましたが、人間の動物たちに対する影響力の強さは変わりません。

昔は日本の農家にも牛と馬が必ずいました。牛と馬は荷物を運んだり畑を耕すために役に立つ動物でしたが、その仕事がトラックや農耕機械に取って代わられるのにあわせて、その数は少なくなりました。このように必要度の下がった動物は、通常その数を減らされるものです。

ところが、犬だけは違いました。

ごく一部の文化をのぞいて犬は食べられませんし、猟をしたり、番犬をしたり、そりを引いたりといった仕事もほとんど失っていますが、その数を増やし続けています。

しかも不思議なことに、発展途上国よりも先進国の方が犬の需要が高いのです。

なぜでしょうか。

それはきっと犬たちが、正直さや命さえ惜しまない愛情、ひたむきに絆だけを求めてくる心など、社会の発展とともに失われていくものを、惜しみなく見せてくれるからではないでしょうか。

ずっと変わらない犬の態度は、時として私たちの心を強く揺さぶります。

本当は、人間は弱い動物です。

思いやりや、無償の愛がなければ生きていけないはずなのです。

そのことをもう一度思い出してと、犬たちはいつも私たちに教えてくれているのかもしれません。

三浦健太

つめたい鼻、
あったかい息、
やわらかい耳、
かたい太もも、
ちょっと痛い爪、
くすぐったい舌、
いさましいお尻、
無防備なおなか、
かなしそうな目、
うれしそうなしっぽ。

犬は
全身を精いっぱいつかって、
私たちにたくさんの愛をぶつけてくれる。

犬がくれるものなんて
たったそれだけ、かもしれない。

でも
たったそれだけのものが、
なぜこんなにも
やさしくて、重みがあるんだろう。

犬と過ごす日々は短い。

でもその日々は、
私たちの中で
ずっと生きつづけるだろう。

著者経歴

三浦健太

Kenta Miura

1950年生まれ。東京都出身。NPO法人ワンワンパーティクラブの代表。1994年に日本初のドッグイベント“ワンワンパーティ”を企画・運営。現在はドッグライフカウンセラーとして全国各地で多くのイベントや教室、セミナーを開催しながら、全国の都市公園にてマナーの啓発やドッグランの設置、運営アドバイスなどを実施。また毎春、全国100万人の犬の飼い主に正しい飼い方を書いた小冊子を制作し、手渡しで配布している。

三浦健太さんと“愛犬イベント”や“愛犬のしつけ教室”で会おう！

NPO法人ワンワンパーティクラブ

http://www.wanwan.org/

犬が伝えたかったこと

2017年10月15日初版発行
2025年 6月20日第27刷発行（累計12万8千部※電子書籍を含む）

編著　三浦健太

イラスト　すずきみほ
取材・執筆協力　山尾活寛
デザイン　井上新八
営業　二瓶義基／石川亮
広報　岩田梨恵子／南澤香織／三原菜央
編集　橋本圭右
協力　NPO法人ワンワンパーティクラブ

エピソード協力（50音順・敬称略）
ayuha／オレンジパンツ／葛西捷廣／葛西真理恵／小林家／聖子／関沢希和子／ちいちゃん／成田夕子／文子／松本家明／まほちゃん／三田智子／yukari

発行者　鶴巻謙介
発行所　サンクチュアリ出版
〒113-0023　東京都文京区向丘2-14-9
TEL 03-5834-2507　FAX 03-5834-2508
https://www.sanctuarybooks.jp
info@sanctuarybooks.jp

印刷・製本　萩原印刷株式会社